风景园林理论与实践系列丛书

北京林业大学园林学院 主编

Forest Resources Assessment for the Renovation of Historical Wooden Buildings in China

森林资源评估在中国传统木结构建筑修复中的应用

殷炜达 著

中国建筑工业出版社

图书在版编目（CIP）数据

森林资源评估在中国传统木结构建筑修复中的应用/
殷炜达著.—北京：中国建筑工业出版社，2017.5
（风景园林理论与实践系列丛书）
ISBN 978-7-112-20643-8

Ⅰ.①森… Ⅱ.①殷… Ⅲ.①森林资源—评估—应
用—木结构—古建筑—修复—研究—中国 Ⅳ.①S757.2
②TU-87

中国版本图书馆CIP数据核字（2017）第069768号

责任编辑：杜　洁　兰丽婷
书籍设计：张悟静
责任校对：焦　乐　李美娜

风景园林理论与实践系列丛书
北京林业大学园林学院　主编

森林资源评估在中国传统木结构建筑修复中的应用
殷炜达　著

*
中国建筑工业出版社出版、发行（北京海淀三里河路9号）
各地新华书店、建筑书店经销
北京锋尚制版有限公司制版
北京云浩印刷有限责任公司印刷
*
开本：880×1230毫米　1/32　印张：2¾　字数：89千字
2017年8月第一版　2017年8月第一次印刷
定价：35.00元
ISBN 978 – 7 – 112 –20643 – 8
　　　（30211）

学到广深时，天必奖辛勤
——挚贺风景园林学科博士论文选集出版

　　人生学无止境，却有成长过程的节点。博士生毕业论文是一个阶段性的重要节点。不仅是毕业与否的问题，而且通过毕业答辩决定是否授予博士学位。而今出版的论文集是博士答辩后的成果，都是专利性的学术成果，实在宝贵，所以首先要对论文作者们和指导博士毕业论文的导师们，以及完成此书的全体工作人员表示诚挚的祝贺和衷心的感谢。前几年我门下的博士毕业生就建议将他们的论文出专集，由于知行合一之难点未突破而只停留在理想阶段。此书则知行合一地付梓出版，值得庆贺。

　　以往都用"十年寒窗"比喻学生学习艰苦。可是作为博士生，学习时间接近二十年了。小学全面启蒙，中学打下综合的科学基础，大学本科打下专业全面、系统、扎实的基础，攻读硕士学位培养了学科专题科学研究的基础，而博士学位学习是在博大的科学基础上寻求专题精深。我唯恐"博大精深"评价太高，因为尚处于学习的最后阶段，博士后属于工作站的性质。所以我作序的题目是有所抑制的"学到广深时，天必奖辛勤"，他们的辛勤就自然要受到人们的褒奖。

　　"广"是学习的境界，而不仅是数量的统计。1951年汪菊渊、吴良镛两位前辈创立学科时汇集了生物学、观赏园艺学、建筑学和美学多学科的优秀师资对学生进行了综合、全面系统的本科教育。这是可持续的、根本性的"广"，是由风景园林学科特色与生俱来的。就东西方的文化分野和古今的时域而言，基本是东方的、中国的、古代传统的。汪菊渊先生和周维权先生奠定了中国园林史的全面基石。虽也有西方园林史的内容，但缺少亲身体验的机会，因而对西方园林传授相对要弱些。伴随改革开放，我们公派了骨干师资到欧洲攻读博士学位。王向荣教授在德国荣获博士学位，回国工作后带动更多的青年教师留学、进修和考察，这样学科的广度在中西的经纬方面有了很大发展。硕士生增加了欧洲园林的教学实习。西方哲学、建筑学、观赏园艺学、美学和管理学都不同程度地纳入博士毕业论文中。水源的源头多了，水流自然就宽广绵长了。充分发挥中国传统文化包容的特色，化西为中，以中为体，以外为用。中西园林各有千秋。对于学科的认识西比中更广一些，西方园林除一方风水的自然因素外，是由城市规划学发展而来的风景园林学。中国则相对有独立发展的体系，基于导师引进西方园林的推动和影响，博士论文的内容从研究传统名园名景扩展到城规所属城市基础设施的内容，拉近了学科与现代社会生活的距离。诸如《城市规划区绿地系统规划》、《基于绿色基础理论的村镇绿地系统规划研究》、《盐水湿地"生物—生态"景观修复设计》、《基于自然进程的城市水空间整治研究》、《留存乡愁——风景园林的场所策略》、《建筑遗产的环境设计研究》、《现代城市景观基础建设理论与实践》、《从风景园到园林城市》、《乡村景观在风景园林规划与设计中的意义》、《城市公园绿地用水的可持续发展设计理论与方法》、《城市边缘区绿地空间的景观生态规划设计》、《森林资源评估在中国传统木结构建筑修复中的应用》等。从广度言，显然从园林扩展到园林城市乃至大地景物。唯一不足是论题文字烦琐，没有言简意赅地表达。

学问广是深的基础，但广不直接等于深。以上论文的深度表现在历史文献的收集和研究、理出研究内容和方法的逻辑性框架、论述中西历史经验、归纳现时我国的现状成就与不足、提出解决实际问题的策略和途径。鉴于学科是研究空间环境形象的，所以都以图纸和照片印证观点，使人得到从立意构思到通过意匠创造出生动的形象。这是有所创造的，应充分肯定。城市绿地系统规划深入到城市间空白中间层次规划，即从城市发展到城市群去策划绿地。而且从城市扩展到村镇绿地系统规划。进一步而言，研究城乡各类型土地资源的利用和改造。含城市水空间、盐水湿地、建筑遗产的环境、城市基础设施用地、乡村景观等。广中有深，深中有广。学到广深时是数十年学科教育的积淀，是几代师生员工共铸的成果。

反映传承和创新中国风景园林传统文化艺术内容的博士论文诸如《景以境出，因借体宜——风景园林规划设计精髓》是吸收、消化后用学生自己的语言总结的传统理论。通过说文解字深探词义、归纳手法、调查研究和投入社会设计实践来探讨这一精髓。《乡村景观在风景园林规划与设计中的意义》从山水画、古园中的乡村景观并结合绍兴水渠滨水绿地等作了中西合璧的研究。《基于自然进程的城市水空间研究》把道法自然落实到自然适应论、自然生态与城市建设、水域自然化，从而得出流域与城市水系结构、水的自然循环和湖泊自然演化诸多的、有所创新的论证。《江南古典园林植物景观地域性特色研究》发挥了从观赏园艺学研究园林设计学的优势。从史出论，别开蹊径，挖掘魏晋建康植物景观格局图、南宋临安皇家园林中之梅堂、元代南村别墅、明清八景文化中与论题相符的内容和"松下焚香、竹间拨阮"、"春涨流江"等文化内容。一些似曾相见又不曾相见的史实。

为本书写序对我是很好的学习。以往我都局限于指导自己的博士生，而这套书现收集的文章是其他导师指导的论文。不了解就没有发言权，评价文章难在掌握分寸，也就是"度"、火候。艺术最难是火候，希望在这方面得到大家的帮助。致力于本书的人已圆满地完成了任务，希望得到广大读者的支持。广无边、深无崖，敬希不吝批评指正，是所至盼。

孟兆祯

2015 年 1 月

前　言

　　中国的古木建筑在世界建筑历史上具有举足轻重的地位，但由于历史原因以及自然原因，很多古木建筑在维修过程中遇到了大木构件缺乏的情况。主要原因可以总结为对于大面积古木构件的材积估算及对于用于古建筑修复的森林资源评估不足。目前的相关研究也仅仅是在建筑修复、古迹保护和森林资源评估的领域中各自进行，缺少相关的跨学科研究。

　　因此，本书横跨建筑、森林资源管理、遥感等学科，以国际古迹遗址理事会（ICOMOS）拟定的对于古木建筑的维修纲领为基础，以世界文化遗产沈阳故宫为实例进行大木构件材积估算方法模型的建立，对大面积范围内的古木建筑的大木构件的材积进行快速预测。进而，为中国传统木结构建筑修复建立一套较为完整的森林资源评估体系，为我国古建修复提供技术支撑。

　　本书的研究内容主要分为三个方面。一是基于《营造法式》和《工程做法则例》的模数理论建立材积估算模型，并应用该模型对沈阳故宫木质构件的材积进行估算。其次，在信息转化研究部分（建筑木制构件和天然林立木之间的信息转化），基于中国东北长白山地区的天然林实际，建立有效的树木上直径识别方法。应用该方法将建筑木构件信息转化成立木胸径信息，并进一步估算用于沈阳故宫修复的立木资源。最后，结合外业测量，利用遥感技术，开发用户精度为55%的算法进行单木树冠描绘，并利用该算法对整个研究范围（25km²）内的大型树木资源进行探测和评估。

　　研究结果显示，超大型落叶松资源较为罕见，可能无法完全满足目前的修复需求，尤其是对于一些超常规的大木构件的修复。因此，基于《奈良文件》的大纲精神，目前的天然林保护工程（NFCP）政策仍有提升空间，以支持中国传统木结构建筑的修复。

目 录

第 1 章

绪论

1.1　中国传统木结构建筑

建筑产生于人们的实际需求。由于受到自然环境的制约，建筑的结构和形式因建筑材料和使用环境的不同而有所差异。建筑也会着随社会风俗、宗教信仰、意识形态、政治和经济体制的发展而有所变化，是一种文明兴衰更替的缩影（梁思成全集，2001）。

几千年来，中国古代建筑发展出了自己独特的建筑结构体系。中国的木结构建筑充分体现了人与自然和谐共生的关系。这些古建筑拥有极高的历史、文化和艺术价值，是中国乃至全世界人民的瑰宝。

尽管许多传统木结构建筑在历史变迁中受到了人为或自然灾害的破坏，但中国仍然现存有丰富多样的古代木结构建筑。截至2010年，中国有29处古迹被列入世界文化遗产名录，其中14处古迹拥有木结构建筑[1]。在国家级文化遗产层面，有1080处历史建筑群被列入保护名录，其中超过半数是木结构建筑[2]。

这些木结构建筑是古代中国工程建造技术的最佳例证。现存关于中国传统建筑的文字多集中于构造原理，例如由北宋李诚编纂的《营造法式》和清工部《工程做法则例》等。中国建筑的创新发展必须重视这些传统技术。采用系统、科学的方法和手段对文化遗产进行保护和修复是我们的责任。

梁思成先生总结了中国传统建筑的两大主要特征：

（1）中国传统建筑以木材为主要材料，而建筑结构由材料决定。在中国，建筑建造中充分运用木料的历史由来已久。木结构建筑的大规模建设出现在公元前2世纪的秦汉时期，宏伟壮观的阿房宫便是在此期间的战争中付之一炬。木结构建筑的发展在7~8世纪的唐朝达到顶峰，建设了大量的寺庙和佛塔，宫殿和园林也在这一时期不断涌现。现存这一时期最具代表性的建筑便是始建于782年的五台山南禅寺正殿，以及随后建成的五台山佛光寺东大殿。在11~12世纪的宋代，寺庙大规模建设。中国现存古建筑以明清时代的建筑为主，如其中的重要代表北京故宫、天坛、颐和园等。这些传统木结构建筑代表了中国在木结构建造技术上的高度。

（2）另一特征是中国传统建筑的结构框架通常采用"梁柱式"结构。所谓"梁柱式"结构，即平坦地面上以四根立柱作为支撑物，并在四根垂直立柱的上端，用两根横枋和两根横梁互相架构

❶ 世界遗产名录，http://whc.unesco.org/en/statesparties/cn.2012/12/4。

❷ 中国国家文物局报告，http://www.sach.gov.cn/tabid/96/InfoID/16/frtid/96/Default.aspx.2012/12/4。

组成一个"间架"。梁可多层重叠形成"梁架"。这样的结构可以使建筑物上部的所有荷载全部由结构承担，立柱、梁和梁上的枋共同组成了古建筑的支撑系统。由于这一构造方法对于承重构件（柱、梁、枋）的要求十分精细，因此，很难找到符合要求的大直径优良木材。

1.2　中国自然森林资源

数量如此庞大的现存木结构建筑需要优质的木材用于建设和修复。在古代，由于没有适当的森林资源管理，木结构建筑的建设和修复对自然森林资源造成了巨大的伤害。

中国的森林资源主要由天然林构成，具有生态系统稳定、物种丰富和产出率高的特点。中国森林资源及其保护对维持全球生态系统的稳定具有重要意义。由于历史原因，中国的天然林资源急剧减少。1975年中国天然林面积为9817万hm^2，1985年减少到8680万hm^2（Shen，1999）。自20世纪80年代末以来，中国本已失衡的自然林持续流失，并已造成了严重的生态后果。

天然林保护工程（NFCP）是一项重要的国家措施，旨在通过保护、培育和发展森林资源，保证经济和社会的可持续发展。该政策的一项重要组成部分便是禁止天然林的商业采伐。长江上游及黄河中上游地区已经全面禁止天然林的商业采伐，中国东北地区和内蒙古地区大型国有林场的木材产量也出现大幅下降。也就是说，除了满足特定地区基本生活需求的木材消费（如木柴）和获批的人造速生林消费以外，任何森林消耗行为是严格禁止的（Liao，2005）。

1.3　木结构建筑修复

木材作为一种生物质材料有其自身固有的天然缺陷，易受到微生物的侵害，亦会受到物理和化学因素的影响。因此，木结构古建的修复意义重大。

由联合国教科文组织下属的国际古迹遗址理事会起草的《奈良文件》（*Nara Document*）提出了历史建筑修复的要点。《奈良文件》第13条指出："文化遗产的原真性，指的是遗产产生时及随后形成的特征以及这些特征的意义和信息来源，包括形式与设计、材料与实施、利用与影响，传统与技术、位置与环境、精神与感

❶ 关于原真性的《奈良文件》，http://whc.unesco.org/uploads/events/documents/event-833-3.pdf.2012/12/4。

受。"这就要求我们必须从艺术、历史、社会和科学的角度认真审视文化遗产❶。

　　中国关于历史古建修复的法规还指出，用于建筑修复的材料应尽量与原始建筑材料相同。然而，由于社会和经济变化，导致近年来大直径、高质量木材产量的急剧下降。此外，虽然有利于生态保护，但天然林保护工程政策也影响了国内的木材产量。历史建筑修复需要从天然林获取大量木材，这给推动森林资源保护工作带来了一定的挑战。但这不是中国独有的问题，日本、瑞典等其他国家也曾经历这一过程（Osawa等，2004）。

第 2 章

中国传统木结构建筑
大木构件总材积估算

木结构建筑在中国建筑史上具有举足轻重的作用，是中国古代建筑的重要组成部分（Ma，2003）。这些建筑结构精巧、形式优美，对中国建筑研究具有重要的意义，对世界文化遗产也是重要的补充。对这些木结构建筑不断地进行修复需要详细的资料。由于历史和社会原因，这些历史建筑的原始图纸资料不尽其详，有的图纸在某些情况下甚至无法使用（梁思成全集，2001）。此外，对现存古建筑逐一进行建筑测绘耗时漫长，且需要大量资金。即使有可用的建筑图纸资料，计算建筑各构件的材积也不是一件容易的事。

2.1　中国建筑结构理论

中国的《营造法式》成书于北宋（960～1127年），是北宋官方颁布的一部关于建筑标准的书籍。木材本身的广度作为长度的度量模数，叫1材，将1材均分为15份，每份为1分°，木材本身的厚度为10分°。简单来说，所有建筑的各个木结构构件（如斗栱等）的广度和厚度以"材"及划分的"10分°"为模数，确定木材规格。建筑所用的木材规格按照建筑等级和木材横断面的大小，分为8个等级（梁思成全集，2001），见表2-1。清代颁布的《工程做法则例》也采用了相似的模数体系，另创"斗口"模数制，用以取代"材分°"模数制。简单来说，一些基本模数或结构构件与影响建筑规模的建筑形式结构之间关系密切。

中国传统古建筑分为八个等级，建筑开间越多，相应的大木构件尺寸也随之增大。"寸"是宋代通用的长度度量单位。许多现、当代学者（Chen，1993；Liang，2001；Ma，2003；Zhang and Liu，2007）已经对不同时期的木结构建筑的各个构件进行了系统的研究，并取得了令人满意的研究成果。但上述的研究重点多是单体建筑结构的建筑模数和构造研究，缺少更为宏观的层面，就某一建筑结构所需材积进行研究。本研究主要假设基于以下事实，即如果存在基于模数的建造技术并且建筑各构件相互之间存在联系，那么建筑面积和大木构件材积之间存在一定的关系，并可作为行之有效的已建成木结构建筑木制构件用木总量估算方法得到应用。

建筑用木材的等级与木制构件尺寸规格之间的关系　　　　表2-1

木材等级	建筑类别	1材（寸）		每分°（分）	1栔（寸）		备注
		广度	厚度		广度	厚度	
一等	9～11开间的大殿	9（15分°）	6（10分°）	材宽1/10 0.6	（6分°）3.6	（4分°）2.4	1. 材高15分°，宽10分°。
二等	5～7开间的殿堂	8.25	5.5	0.55	3.3	2.2	2. 分°高为材宽1/10。
三等	3～5开间殿、7开间堂	7.5	5	0.5	3.0	2.0	3. 材栔的高度比为3：2。
四等	3开间的殿、5开间的厅堂	7.2	4.8	0.48	2.88	1.92	4. 栔高6分°，宽4分°。
五等	小3开间殿、大3开间厅堂	6.6	4.4	0.44	2.64	1.76	5. 一般提到×材×栔，均指高度而言。
六等	亭榭、小厅堂	6	4	0.4	2.4	1.6	
七等	亭榭、小殿	5.25	3.5	0.35	2.1	1.4	6. 表中的寸均为宋营造式。
八等	小亭榭、藻井	4.5	3	0.3	1.8	1.2	

资料来源：梁思成先生已有的研究成果，梁思成全集第7卷（梁思成，2001）。

2.2　沈阳故宫概述

　　沈阳故宫始建于1624～1625年（清代），并于1783年达到鼎盛（图2-1），位于北纬41°47′39″～41°47′49″，东经123°26′49″～123°27′03″，是中国目前保存最为完好的两大宫殿建筑群之一。1961年被国务院确定为全国重点文物保护单位，2004年7月1日，联合国教科文组织第28届世界遗产委员会批准了沈阳故宫作为明清皇宫文化遗产扩展项目列入世界遗产名录。沈阳故宫按建筑空间布局可分为西路、中路、东路3个部分，南北长280m，东西宽260m，总占地面积约60000m²。据估计，沈阳故宫共有建筑67处（Piao and Chen，2007）。本研究将选取其中28处具有代表性的建

筑作为研究对象，图2-2显示了沈阳故宫的总平面及其中28处具有
代表性的研究对象。

图2-1 沈阳故宫鸟瞰
（图片来源：沈阳故
宫申报世界文化遗产
材料）

图2-2 沈阳故宫总平
面图
（图片来源：作者改绘
自 Piao and Chen,
2010 未在研究范围
内的建筑名称在此
省略）

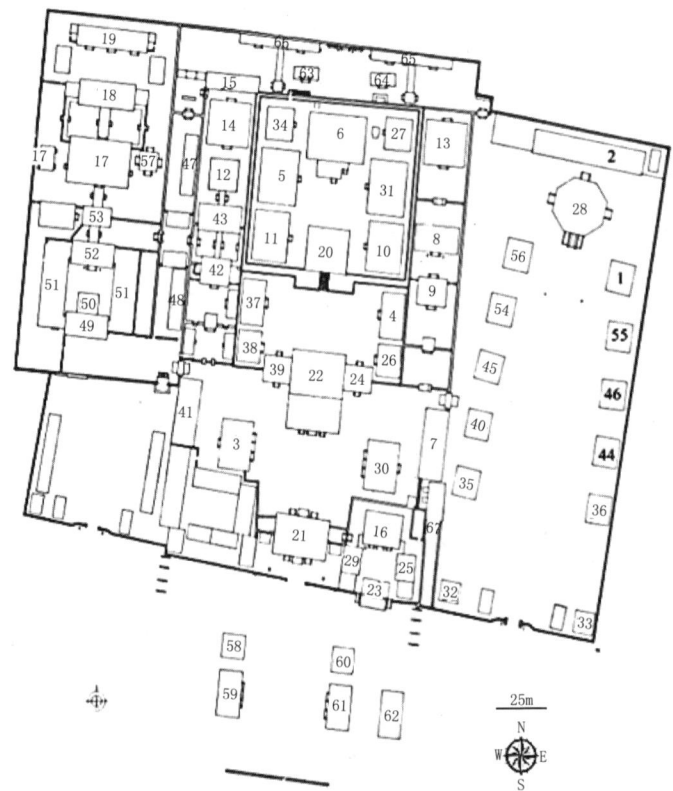

1. 左翼王亭；2. 銮驾库；3. 翔凤阁；4. 师善斋；5. 麟趾宫；6. 清宁宫；7. 东七间楼；8. 介
祉宫；9. 颐和殿；10. 衍庆宫；11. 永福宫；12. 继思斋；13. 敬典阁；14. 崇谟阁；15. 东七
间阁；16. 太庙；17. 文溯阁；18. 仰熙斋；19. 九间殿；20. 凤凰楼；21. 大清门；22. 崇政
殿；23. 太庙正门；24. 崇政殿东门；25. 太庙东厢房；26. 日华楼；27. 东翼楼；28. 大政殿
（注：作者根据Piao and Chen（2010）的研究对建筑标号进行了修改，未在研究范围内的建筑名称
在此省略）

2.3　大木构件界定

通过对沈阳故宫进行实地调研，确定建筑大木构件数据主要包括以下几种：

（1）建筑测绘图，包括由天津大学❶绘制的平面图、建筑剖面图、建筑横截面图（比例尺为1∶30、1∶40、1∶50），用以进行各建筑大木构件的三维数据测量。

（2）实地调研包括测量各个建筑的檐柱直径（由下层台基起），将已有的建筑测绘图纸数据与所选的28个建筑研究样本实地测量结果相比较，以确定图纸数据的精确度。采用Wang等人（Wang et al.，2006）的数据统计检验方法。

（3）每个建筑物的建筑面积指的是屋檐所围合的区域的面积。数据基于沈阳故宫申请作为明清皇宫文化遗产扩展项目列入世界遗产名录的报告❷。

2.3.1　大木构件的界定

中国古建木制构件可分为大木作和小木作两种。大木作是木结构建筑的承重部分，是木构架的主要结构部分，小木作是木结构建筑中非承重木构件，包括窗、门、天花等（Gong，2002）。本研究选取四种主要木制构件（表2-2）作为大木作的代表，并定义为大木。大木作原则上还包括斗栱（连接柱、梁和屋顶的连接构件），但在本研究中其不作为大木构件，因此不予涉及。这主要是因为沈阳故宫中有斗栱构件的建筑数量较少（67处建筑中仅有8处建筑有斗栱）（Piao and Chen，2007），并不会对研究结果产生重要影响。

研究的木制构件类型　　　　　　　　表2-2

构件类型	构件名称
柱	檐柱、金柱、山柱
梁	七架梁、五架梁、三架梁、抱头梁
桁（檩）	脊檩、金檩、檐檩
枋	额枋、脊枋、金枋、老檐枋

❶　这些图纸保存于沈阳故宫博物院，可供查阅。测绘图纸（包括平面图、立面图和剖面图）由天津大学的教授和学生测绘完成，原始测量数据保存于天津大学。沈阳故宫仅存有测绘图纸（无测量数据），因此，只能通过测量图纸获得木构件尺寸规格。

❷　沈阳故宫申请作为明清皇宫文化遗产扩展项目列入世界遗产名录的报告，目前于沈阳故宫博物院归档。

2.3.2 大木构件选取及分析

沈阳故宫共有单体建筑67处，根据其建筑屋顶形式可分为如下几类（表2-3）：

	样本选择	表2-3
屋顶形式	建筑数量	样本数量
硬山	38	21
歇山	16	5
卷棚	6	1
攒尖	6	1
盝顶	1	0

为保证回归模型的准确度，研究尽可能选取不同类型的建筑作为研究对象。而且，各方面都相同的建筑也不包括在研究对象中。碑亭是盝顶的一种特殊形式，并不是建筑形式的一种，因此不列入本次研究。本着以上抽样原则，共选取28处建筑作为研究对象（表2-3）。以大清门为例表示本研究中测量的各建筑构件的名称及位置（图2-3～图2-5，作者改绘自天津大学的测绘图纸）❶。表2-2列出了大清门各大木构件的名称。

对建筑各个木制构件（表2-2）进行三维数据的测量，应用公式（2-1）计算矩形木制构件的材积，对于圆柱形木制构件，则测

❶ 表2-2所示的檐柱在示意图2-5中不可见，因为大清门的檐柱已被混凝土覆盖。

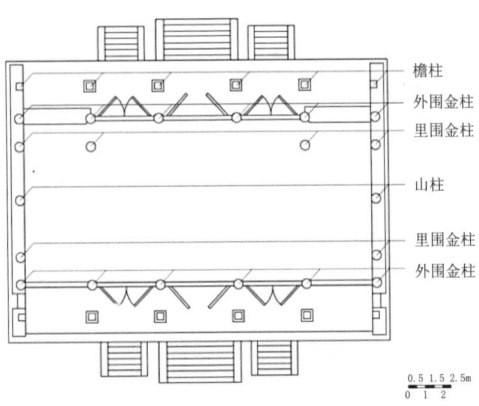

图2-3 大清门平面图
（图片来源：作者自绘）

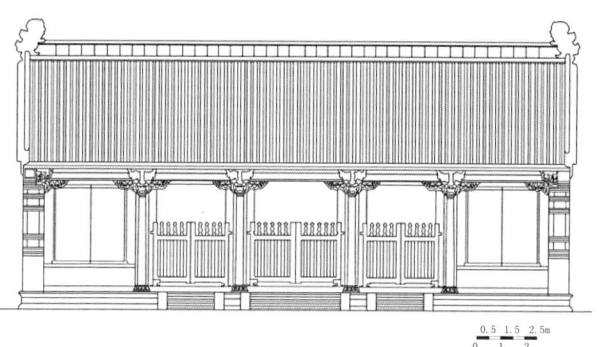

图 2-4 大清门立面图
（图片来源：作者自绘）

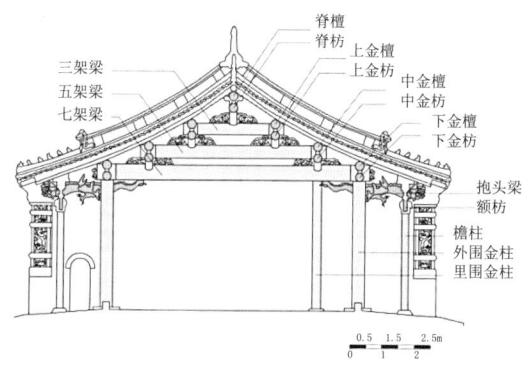

图 2-5 大清门剖面图
（图片来源：作者自绘）

量其直径和长度，应用公式（2-2）计算构件总材积。并通过实地
调研确定本研究的大木构件名称（部分构件名称已于表2-2列明）。

$$V = l\,h\,w\,n \qquad (2\text{-}1)$$
$$V = \pi\,(d/2)^2\,l\,n \qquad (2\text{-}2)$$

式中，V表示木制构件总材积，l表示木制构件长度，h表示截面高
度，w表示截面宽度，d标识截面直径，n表示木制构件数量。

各建筑样本数据汇总　　　　　　　　　　　　　　　　表2-4

建筑名称	建筑类型	柱（m³）	梁（m³）	桁（檩）（m³）	枋（m³）	构件总材积（TV）（m³）	建筑面积(m²)	总材积与建筑面积比值（m³/m²）
1号 左翼王亭	歇山	7.09	4.22	8.308	0.74	20.36	132.84	0.15
2号 銮驾库	硬山	15.59	33.99	19.294	10.15	79.02	446.51	0.18

续表

建筑名称	建筑类型	柱（m³）	梁（m³）	桁（檩）（m³）	枋（m³）	构件总材积（TV）（m³）	建筑面积(m²)	总材积与建筑面积比值（m³/m²）
3号 翔凤阁	硬山	33.87	16.29	13.134	13.06	76.36	258.81	0.30
4号 师善斋	硬山	8.48	18.12	6.166	8.23	40.99	176.84	0.23
5号 麟趾宫	硬山	14.72	35.54	13.797	6.48	70.53	333.58	0.21
6号 清宁宫	硬山	28.40	48.36	22.410	12.88	112.05	444.55	0.25
7号 东七间楼	硬山	21.54	11.57	8.727	12.19	54.03	274.81	0.20
8号 介祉宫	硬山	10.37	10.55	12.840	12.47	46.24	186.43	0.25
9号 颐和殿	歇山	6.03	13.08	6.966	6.79	32.86	137.52	0.24
10号 衍庆宫	硬山	21.82	26.05	15.795	7.96	71.63	286.40	0.25
11号 永福宫	硬山	21.82	17.82	11.712	5.82	57.17	286.37	0.20
12号 继思斋	卷棚	5.09	10.78	16.764	9.21	41.85	145.94	0.29
13号 敬典阁	歇山	43.31	24.44	8.078	14.36	90.19	313.25	0.29
14号 崇谟阁	歇山	41.80	22.60	11.820	16.02	92.24	306.85	0.30
15号 东七间阁	硬山	4.82	7.24	3.911	3.63	19.60	136.70	0.14
16号 太庙	硬山	15.86	13.34	7.917	2.98	40.09	206.98	0.19
17号 文溯阁	硬山	35.17	25.47	22.285	16.74	99.66	402.78	0.25
18号 仰熙斋	硬山	11.79	13.85	14.209	9.66	49.51	241.00	0.21
19号 九间殿	硬山	7.09	14.58	18.800	8.41	48.88	244.17	0.20
20号 凤凰楼	歇山	71.78	17.68	4.978	20.45	114.89	292.53	0.39
21号 大清门	硬山	26.54	30.13	14.472	19.79	90.93	369.66	0.25
22号 崇政殿	硬山	30.71	26.05	18.683	11.90	87.34	380.25	0.23
23号 太庙正门	硬山	6.47	4.38	4.840	3.43	19.12	70.60	0.27

建筑名称	建筑类型	柱（m³）	梁（m³）	桁（檩）（m³）	枋（m³）	构件总材积（TV）（m³）	建筑面积(m²)	总材积与建筑面积比值（m³/m²）
24号 崇政殿东门	硬山	7.87	6.67	3.780	4.81	23.13	109.04	0.21
25号 太庙东厢房	硬山	3.01	7.30	3.391	1.41	15.11	70.82	0.21
26号 日华楼	硬山	14.35	8.40	7.478	4.57	34.80	123.35	0.28
27号 东翼宫	硬山	5.39	12.15	7.274	2.36	27.17	143.50	0.19
28号 大政殿	攒尖	38.90	17.77	8.050	47.70	112.42	401.12	0.28

注：构件用木总量，表示单体建筑大木构件总材积[包括柱、梁、桁（檩）、枋]；建筑面积，表示建筑首层面积（即建筑屋檐所围合的区域的面积）；总材积与建筑面积比值（m³/m²），表示每1m²面积上的用木量；研究的建筑样本名称采用沈阳故宫官方公布的建筑名称，与建筑类型名称间无必然联系。

表2-4列出了各类型木制构件（柱、梁、檩、枋）总材积的计算结果。应用最小二乘法（OLS）确定大木构件材积与建筑面积之间的相关性，二者相关性的决定系数公式如下：

$$R^2 = 1 - \frac{\sum_{i=1}^{n}(Y_i - \hat{Y}_i)^2}{\sum_{i=1}^{n}(Y_i - \hat{Y})^2} \qquad (2-3)$$

式中，Y_i表测量值；Y表示预测值；n表示$i=1$起，样本的数量。

2.4 大木构件总材积估算

2.4.1 单体建筑大木构件材积

图2-6表示单体檐柱的实地测量数据与平面图纸数据之间的相关程度较高，其中决定系数$R^2 = 0.94$，且选取的样本间无显著差异（秩和检验中，$P < 0.01$）。说明建筑平面图标注的檐柱尺寸规格数据准确，且仅从建筑平面图获取用于统计分析的数据依然准确可靠。

研究共统计28处具有代表性的建筑单体的木制构件3299个，其中柱837个、梁776个、桁（檩）830个、枋799个，并对表2-3所示的各建筑单体的四类木制构件材积进行了计算。其中，建筑单

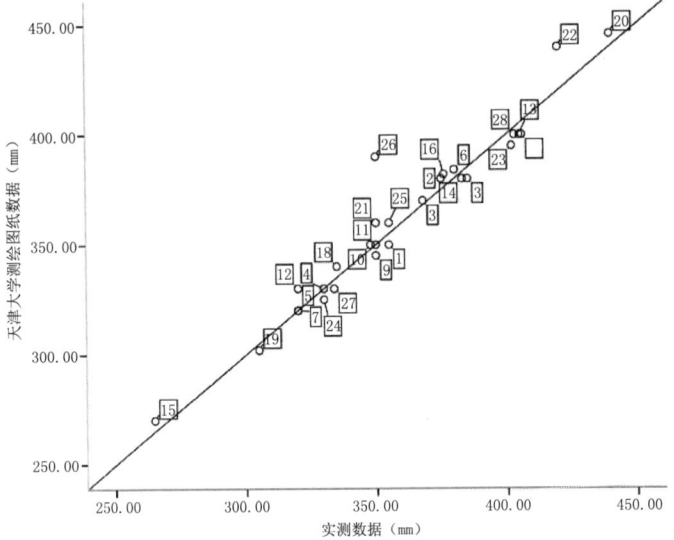

图 2-6 实地测量数据
与图纸数据的比较
（图中斜线表示 $y=x$）

体的用木总量在15.11m³（25号样本）至112.42m³（28号样本）之间，建筑面积在70.60m²（23号样本）至446.51m²（2号样本）之间，用木材积与建筑面积比值（m³/m²）在0.14m³/m²（15号样本）至0.39m³/m²（20号样本）之间。

2.4.2　大木构件材积与建筑面积之间的关系

建筑面积与大木构件材积之间呈现明显的正相关关系。研究显示，样本的建筑面积与大木构件材积两者均呈正态分布（其中样本建筑面积 $p=0.32$，样本材积 $p=0.13$）。得到简单线性回归方程（2-4），其决定系数（$R^2=0.82$）表明，两者之间的相关性较大。

$$y=0.2516x-2.6307 \qquad (2-4)$$

式中，y表示大木构件材积（m³）；x表示建筑面积（m²）。

在图2-7中，20号样本（凤凰楼）出现了相对较高的偏差，这主要是因为凤凰楼是位于沈阳故宫中心的唯一一座三层建筑。同样，2号样本（銮驾库）也出现了较大的偏差值，这是因为其建筑功能为储藏而非居住。

将数据进一步分类，如果仅采用硬山建筑的数据进行线性回归，建筑面积与构件材积之间的相关性甚至更高（$R^2=0.90$），且样本的建筑面积和构件材积也呈现正态分布（样本建筑面积

$p=0.70$，样本材积 $p=0.61$），由此得到简单线性回归方程
（2-5），其决定系数值更大，表明两者之间的相关关系强度较大。

$$y=0.2283x-1.0633 \qquad (2\text{-}5)$$

式中，y 表示大木构件材积（m^3），x 表示建筑面积（m^2）。

比较两个线性回归方程（2-4）和（2-5）可以发现，方程
（2-4）中的系数0.2516略高于方程（2-5）中的系数0.2283，因为
除硬山建筑（图2-8右下角所示）外，其他几类建筑的材积相对较
高，而每平方米面积上的材积影响了拟合直线斜率。这也证明中
国古建不同的屋顶形式将影响建筑大木构件材积。图2-8显示不同
屋顶形式的建筑的材积也不同（梁思成全集，2001）。因此，在后
期的研究中应用最小二乘法（OLS）对不同屋顶形式的建筑确定回
归模型，以便获得更为准确的结果。

沈阳故宫建筑中，硬山建筑占一半以上。硬山屋顶形式是中

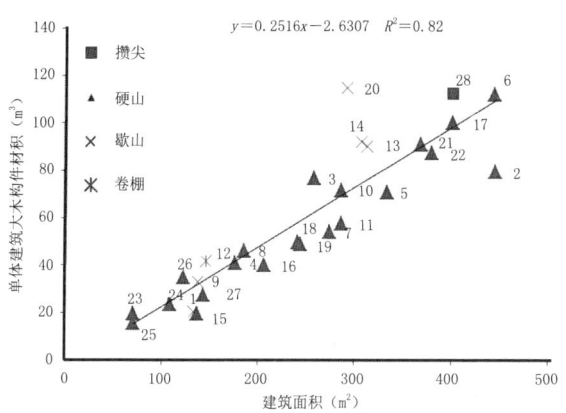

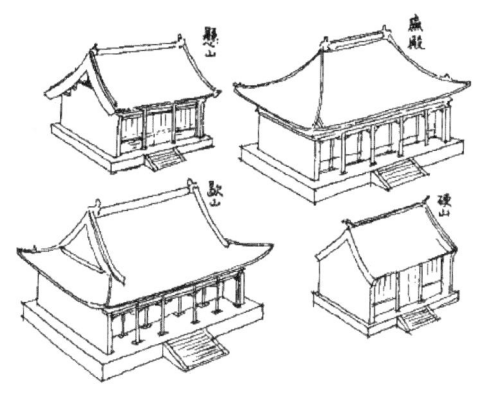

**图 2-7 大木构件材积
与建筑面积之间的相
关性（基于 28 个样
本的数据分析）**

**图 2-8 屋顶形式图例
（图片来源：梁思成
全集，2001）**

图 2-9 大木构件材积
与建筑面积之间的相
关性（仅基于硬山建
筑样本的数据分析）

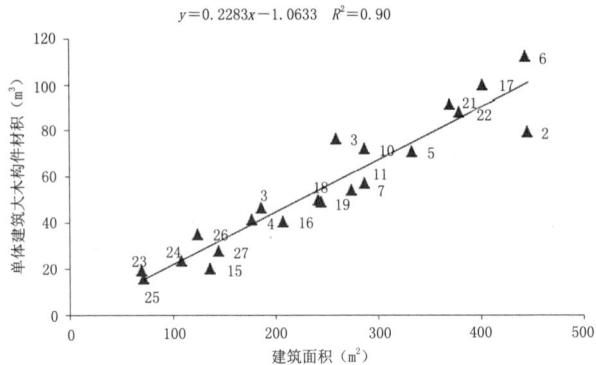

国东北部地区普遍采用的建筑形式（PIAO，CHEN，2007）。仅对硬山屋顶这一单一建筑类型的分析（图2-9）得到$R^2=0.90$，可知大木构件材积与建筑面积间相关性相对较高，图2-7针对所有屋顶形式进行的分析结果也呈现相似的结论，其中的误差极小，可忽略不计。由此可以推断，各种屋顶形式的线性回归趋势相似。由于研究样本中硬山屋顶形式的建筑数量较多，因此，得到的线性回归方程（$y=0.2283x-1.0633, R^2=0.90$）合理，且可用于计算其他面积介于$70.6\sim446.51m^2$（分别取表2-3中23号和2号样本数值）硬山建筑的材积。

2.4.3　沈阳故宫大木构件用木总量估算

应用基于28个建筑样本数据分析所得线性回归方程（2-4），对沈阳故宫各单体建筑的大木构件材积进行估算。

$$y = \sum_{i=1}^{67}(0.2156x_i - 2.6307) \tag{2-6}$$

式中，x表示单体建筑面积（m^2）；y表示沈阳故宫大木构件用木总量。

用67处建筑的建筑面积逐一替代方程（2-6）中的x值，得到的总和2912.3m^3为沈阳故宫中建筑大木构件用木总量。

对沈阳故宫进行的案例研究验证了上述假设。研究结果表明，建筑大木构件材积与建筑面积显著相关，沈阳故宫的线性回归模型表现出强烈的正相关性。因此，如果建筑面积范围已知，则可以有效地对建筑大木构件用木总量进行估算。

但是，方程（2-6）仍有局限性。由表2-4第7栏可知，沈阳故宫的构件用木总量相对适中（PIAO，CHEN，2007），这意味着该模型可能无法用于所有清代木结构建筑的材积估算。本研究的另一局限性在于，沈阳故宫的建筑屋顶形式多样，该方程不适于所有类型建筑的材积估算。这主要有两方面原因，一是39处体量相同的建筑并未作为样本包含在本研究中；二是除硬山（表2-2所示）之外，其他屋顶形式的建筑样本数量较少。因此，如果增加其他屋顶形式的建筑样本数量，能够更准确地估算建筑大木构件用木总量。

2.5　小结

对沈阳故宫进行的案例研究可以得出，单体建筑的大木构件材积与建筑面积之间相关性极高（$R^2 = 0.82$）。运用方程（2-6）估算求得沈阳故宫大木构件用木总量约为2912.3m³。

针对硬山建筑进行的回归分析表现出相对较强的相关性。因为沈阳故宫有许多硬山屋顶形式的建筑，且这些建筑的面积、体量也有所差异，因此，方程（2-5）不仅可以对特定研究地区的建筑进行计算，还适用于其他的硬山式建筑。

本章所用的方法在运用时建议仅测量建筑面积，以便有效估算大木建筑构件材积。此方法也可用来为中国木结构建筑建立一个区域性数据库。该数据库可以弥补人们所关注的木结构建筑修复与木料供应之间的空缺。

第 3 章

用于传统木结构建筑修复的立木评估

图 3-1 立木生产力
概念图

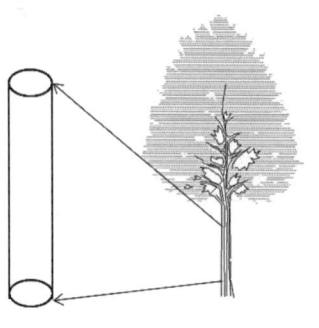

前面已经对28个代表性建筑的每个木制构件的三维尺寸进行了测量，因此，本章的研究重点是确定立木尺寸规格、立木的哪一部分可以作为建筑木料（图3-1），因此对立木进行准确的评估至关重要。树木的形态由下到上可以看成是圆锥体，而上直径被认为是木材生产中一个重要的指标。但是，对树木上直径进行测量耗时巨大，因此，本章将采用树木上直径估测模型。许多研究已经对干曲线方程进行了讨论（Brooks *et al.*，2008；Gaffrey *et al.*，1998；Kozak，1997，2004；Kozak *et al.*，1969；Sato *et al.*，2008），且将干曲线方程视为用于预测树木上直径的重要方法（Dennison *et al.*，2010）。

这里主要是利用森林测量技术，发展一种用于立木规格鉴定的方法，以获取沈阳故宫修复中大木构件对立木的需求。通过使用这一方法，并利用实地建筑测绘得到的数据，我们可以预测沈阳故宫修复所需立木量。这一预测模型将促进建筑保护与森林管理之间的融合，且有助于促进中国传统历史木结构建筑的可持续发展管理。

3.1 大木构件数量界定

以下两个数据可以判断沈阳故宫的建筑木构件类型与长白山林地现有树种是否一致：（1）由沈阳故宫（实地测量）收集的建筑木结构及构件数据资料；（2）长白山地区（林地）进行的天然林实地调查。

第2章对沈阳故宫28处代表性建筑的共计3229个木制构件进行了测量。事实上，并非所有木制构件的体量都非常大，只有大木构件才是建筑修复的关键所在。汤本（Yumoto's，2005）的研究显示，长度在6m左右，直径在45cm左右的才是大木构件。然而，沈阳故宫的木制构件长度相对较短，截面尺寸相对较大。考虑到第2章中测绘得到的建筑样本尺寸，这里重新定义所选的大木构件基本尺寸为长度≥4m，直径≥50cm。大木制构件数量占总测绘木制构件数量的10%。

3.2　树种选择及采样

3.2.1　树种选择

中国学术界对这些历史建筑进行用木树种的研究较为少有。近年围绕北京故宫进行了一些先驱性研究，包括针对由武英殿、后殿等构成的武英殿建筑群用木的树种类型研究（Jin and Huang，2007）等。图3-2展示了针对武英殿进行的树种研究结果，其中的百分数是调查的木制构件数量百分比。可以看出，40%左右的大木构件选用落叶松作为木材（Jin and Huang，2007）。

自2004年以来，沈阳故宫与北京故宫作为整体一起被列为世界文化遗产。北京故宫始建于明代，并在其后的时间里多次改扩建，其中的武英殿于清代晚期（1636年后）完成重建。沈阳故宫也于同期建设完成，由此可以推断，沈阳故宫大木构件的用木也是落叶松。

此外，笔者访问了同时对北京故宫和沈阳故宫进行修复的人员，以了解木制构件所选用的树种。从访问中可以确定，大木构件常选用落叶松作为木料。

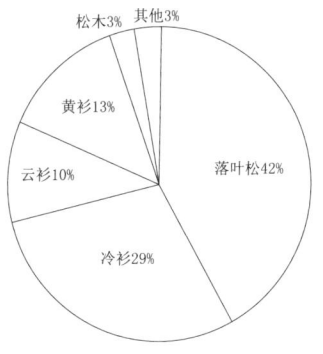

图 3-2 北京故宫武英殿大木构件的树种选择
（图片来源：基于 Jin and Huang，2007 的研究改绘）

3.2.2　树种实地采样

按照联合国教科文组织的要求，选取吉林省白河林区的黄松浦林场（北纬42°08′21″，东经128°16′53″）进行异速生长研究。该林场位于长白山自然保护区以北10km（Yang & Xu，2003），年平均气温为5.0℃，最低气温为1月的-17.1℃，最高气温为7月的17.1℃，年均降水量为719mm（Zhou et al.）。

基于黄松浦林场首次疏伐作业的划分，选取总面积为6.75hm²的两个相邻林班，作为中国东北部地区天然林、原始林、多层针叶林的代表。林区范围内的主要树种为长白落叶松，其次为云杉、红松和冷杉。

本次疏伐一次伐去47株，自0.03m处起，对各株的总高逐一进行测量。在胸高处（1.3m）测量带皮直径，即胸径（D）。同时测量自主干0.3m处起，2m长的区间范围内的带皮直径。记录1/10树高处的带皮直径值，用以计算相对干曲线。除了47株疏伐的林木，还对同一片地区的其余61株立木的树高和胸径进行了测量。总计对108株原生落叶松立木进行了测量用以树高曲线的计算。

3.3 建筑构件与立木规格算法

3.3.1 建筑构件与立木规格换算

基于树高曲线和相对干曲线，建立建筑构件与立木尺寸规格换算法。采用Henricksen方程（3-1）进行树高曲线模拟。

$$H = a + b \log_{10} D \qquad (3-1)$$

式中，H为树木全高；D为胸径；a和b为方程的待定系数。

已经有一些学者就长白落叶松人工林的树高曲线进行研究，但大部分的人工林的树龄均小于50年（Ma et al., 2010; Zeng et al., 2009）。尚无任何关于长白山天然林区中原始落叶松树高曲线的研究，因此，本研究基于现场测量的108株树木样本数据，确定树高曲线。

相对干曲线是树干直径变化的数学表达，是一个关于树干高度的函数，与树木生长情况相关（Brooks and Jiang, 2009; Brooks et al., 2008; Jiang et al., 2005; Martin, 1981; Patterson et al., 1993），其计算公式如下：

$$D_r = \frac{D}{D_{0.1h}} \qquad (3-2)$$

式中，D_r表示相对直径；D表示在某一高度的直径；$D_{0.1h}$表示1/10树高处的直径。

$$H_r = 1 - \frac{H}{H_t} \qquad (3-3)$$

式中，H_r表示相对树高；H表示在某一点的树高；H_t表示树木全高。

将现场实测数据（如树木不同高度的直径）转换为相对高度和相对直径以生成模型方程。Sato等人（2008）利用三阶方程，确立涵盖树木高度数据范围的相对干曲线。然而，仅有立木特定高度范围内的一部分可以作为木材用于历史建筑的修复。三阶方程将会降低预期结果的准确度，因此，本研究分别运用三阶、四阶、五阶和六阶方程，比较特定树高区间内相对直径计算的准确度：

$$D_r = AH_r^3 - BH_r^2 + CH_r \qquad (3\text{-}4)$$

$$D_r = EH_r^4 - FH_r^3 + GH_r^2 + IH_r \qquad (3\text{-}5)$$

$$D_r = JH_r^5 - KH_r^4 + LH_r^3 - MH_r^2 + NH_r \qquad (3\text{-}6)$$

$$D_r = OH_r^6 - PH_r^5 + QH_r^4 - RH_r^3 + SH_r^2 + TH_r \qquad (3\text{-}7)$$

式中，D_r 表示相对直径；H_r 表示相对高度；$A \sim T$ 表示方程的待定系数。

假设树木的各部分是圆柱体，且树高是地面以上的树木高度，树木在各高度上的直径是相同的，将树木的测量数据转化为关于立木的两个变量。胸径、树木全高和任意树高处的上直径三个变量中，已知其他两个变量，可估算任意树高处的上直径。具体推导过程如下：

（1）已知树木胸径，利用公式（3-1）求得树木全高。

（2）已知树木全高，利用公式（3-3）求得1.3m处的相对树高。

（3）已知1.3m处的相对树高，代入公式（3-4）、公式（3-5）、公式（3-6）或公式（3-7）求得1.3m处树木的相对直径。

（4）已知树木胸径和胸高相对直径，求得1/10树高处直径（$D_{0.1h}$）。

（5）已知某点树高、树木全高，用公式（3-3）求得该点的相对树高。

（6）已知该点的相对树高，用公式（3-4）～公式（3-7）求得该点的相对直径。

（7）已知1/10树高处的直径和该点相对直径，利用公式（3-2）求得该点树木直径。

3.3.2　估测立木的树皮及边材厚度

建筑实测的木构件数据与林场实地调研林木数据之间有较好的衔接性，但树皮和边材由于物理和化学性质不适于施工，因此，用于木结构建筑修复的木材尺寸值不应包含树皮及边材厚度。现将树皮和边材作为整体计算厚度值。通过测量两条相交于圆心的垂线，得出4个树皮和边材厚度值，进而求得相应的树干直径。研究总计共对52组成对数据进行了测量。

3.3.3　模型评价

本研究的模型评估标准参考前人的研究结果（Kozak and Smith 1993）。用于模型比较的统计数据有平均误差（B）、标准误差估算值（SEE）、拟合指数（FI），具体统计评价公式如下：

$$B = \frac{\sum\limits_{i=1}^{n}(Y_i - Y_i')}{n}; \quad SEE = \sqrt{\frac{\sum\limits_{i=1}^{n}(Y_i - Y_i')^2}{n-k}}; \quad FI = 1 - \left[\frac{\sum\limits_{i=1}^{n}(Y_i - Y_i')^2}{\sum\limits_{i=1}^{n}(Y_i - \bar{Y})^2}\right]$$

式中，Y_i表示第i次的测量值；Y_i'表示第i次测量的预测值；$\bar{Y}$表示平均值；k表示估算参数的数量，n表示数据集的测量值总数。

3.4　沈阳故宫修复所需落叶松数量

3.4.1　建筑木制构件尺寸规格

本研究中，用于统计分析的大木构件选择的基本标准是长度≥4m、直径≥50cm。由测量分析共得到368个大木构件的数据，将这些大木构件按照1cm的长度组距和2cm的直径组距进行分组统计（表3-1）。建筑实测得到的最长的大木构件为一个长为13.7m的金柱。表3-1表明，大木构件的尺寸范围为：长4～14m，直径50～86cm。

沈阳故宫大木构件数量　　　　　表3-1

径级（cm）	长度（m）										总计
	4～5	5～6	6～7	7～8	8～9	9～10	10～11	11～12	12～13	13～14	
50～52	12		4	10		8					34
52～54	32	8		2							42
54～56	20		8	4							32
56～58		6	4							12	22
58～60		12	32								44
60～62											0
62～64			12	14							26
64～66		16									16
66～68	6										6
68～70				26							26

续表

径级（cm）	长度（m）										总计
	4～5	5～6	6～7	7～8	8～9	9～10	10～11	11～12	12～13	13～14	
70～72		6					12				18
72～74				8	6		2				16
74～76			6	12		16					34
76～78		8									8
78～80							18			6	24
80～82					18						18
82～84											0
84～86						2					2
总计	70	48	74	76	24	26	32	0	0	18	368

3.4.2 树皮及边材厚度测量

树干直径值与树皮和边材厚度之间的关系如图3-3所示。柯尔莫诺夫-斯米尔诺夫检验表明，树干直径与树皮和边材厚度之间有显著的统计学相关性（$p=0.001$，在0.01的水平上显著相关）。树干直径与树皮和边材厚度之间的相关系数为0.46。两者间的线性回归模型如下：

$$Y=0.0226X+1.2428 \qquad (3\text{-}8)$$

式中，Y表示边材和树皮的厚度（单侧）（cm）；X表示树干直径（cm）。

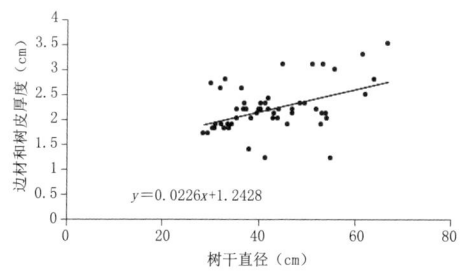

图3-3 边材和树皮厚度与树干直径之间的关系

3.4.3　树高曲线

研究样本的胸径在23.6～67.8cm之间，树高介于21.7m与36.8m之间（图3-4）。胸径与树高之间的函数关系可用公式（3-9）表示：

$$Y=12.356\ln X-15.655 \tag{3-9}$$

式中，Y表示树高（m）；X表示胸径（cm）。

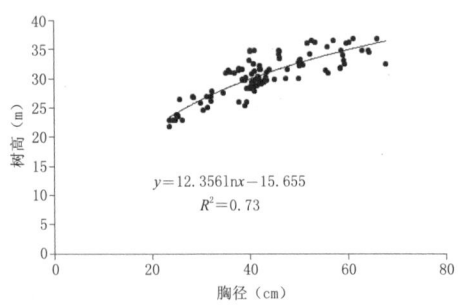

图 3-4　树高曲线

3.4.4　相对干曲线

三阶到六阶方程式为：

三阶方程：$y=2.4296x^3-3.577x^2+2.3624x$　　　　（3-10）

四阶方程：$y=5.9659x^4-9.096x^3+3.2037x^2+1.1994x$　（3-11）

五阶方程：$y=17.362x^5-36.669x^4+27.24x^3-9.1812x^2+2.5562x$

$$\tag{3-12}$$

六阶方程：$y=45.75x^6-118.52x^5+114.26x^4-49.608x^3+8.2154x^2+1.2259x$

$$\tag{3-13}$$

用分段多项式模型估算树木直径，比其他模型公式更精确（Jiang *et al.*，2005）。在一定区间内比较方程（3-10）～方程（3-13）的准确性，以提高整体统计精度（表3-2）。

用于相对干曲线拟合的分段数据可靠性　　　　表3-2

方程	平均误差(B)	标准误差估算值（SEE）	拟合指数（FI）
三阶方程	−0.0190	0.0694	0.8271
四阶方程	−0.0071	0.0602	0.8441
五阶方程	−0.0081	0.0531	0.8411
六阶方程	−0.0046	0.0465	0.8580

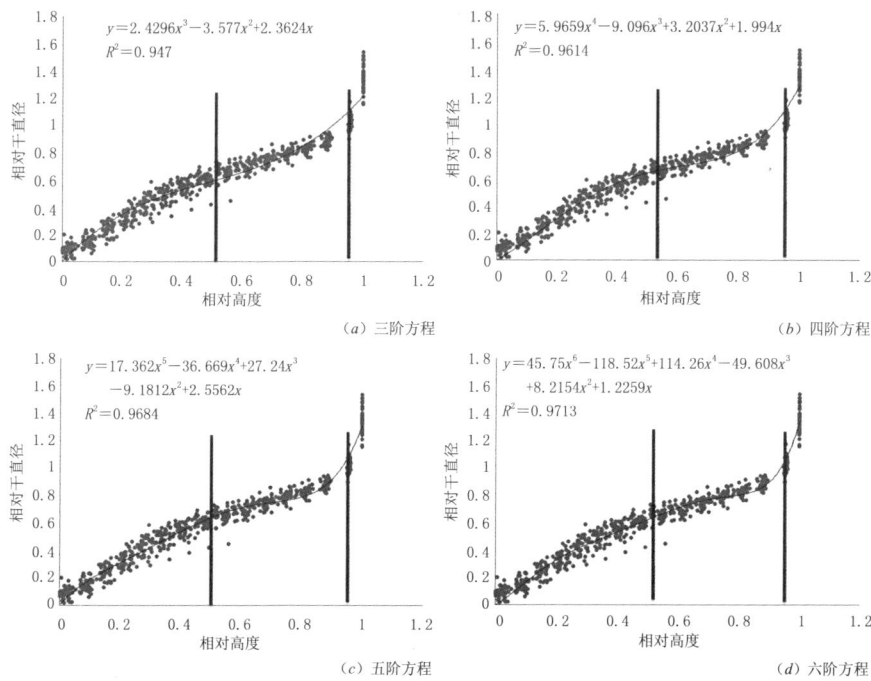

（a）三阶方程   （b）四阶方程

（c）五阶方程   （d）六阶方程

沈阳故宫木制构件最长可达13.7m。距离地面1m以下的林木由于其干形不佳，不能作为木材原料使用，因此，距离地面1～14.7m范围内的木材才能用于历史宫殿建筑的修复。用于相对干曲线计算的47个样本的平均高度为30.55m，因此分段多项式的范围为0.52～0.97（相对高度）。图3-5中各点表示相应的相对高度和相对直径，两条垂线划定验证相对干曲线精度的有效范围。

四个分段多项式方程数据可靠性（平均误差*B*、标准误差估算值*SEE*和拟合指数*FI*）如表3-2所示。所有方程的平均误差均为负数，表示计算直径大于实际直径。由方程模型计算所得的尺寸规格比实际直径尺寸大，以免预测值无法满足实际建筑的木制构件更换需求。拟合指数表示随着方程阶数的增加，拟合准确度的变化趋势。将方程（3-10）～方程（3-13）的标准误差估算值转换为实际直径，分别为2.87cm、2.49cm、2.19cm和1.93cm。本研究中，直径尺寸的容许误差为2cm，等于木材市场的基本测量单位。因此，本研究选择六阶方程进行相对干曲线拟合。

树木的上部直径被认为是制作木制建筑构件的理想尺寸，因

图 3-5 相对干曲线的比较

为这部分的直径可用来生产的木材尺寸规格最大。利用前面的推导过程［用于计算公式（3-13）］，立木上部的直径可以采用胸径单次测量法（表3-3）。此外，估算数据必须包含两侧的边材和树皮厚度（表3-4）。最后，用于木制构件的立木的适用性能够与建筑实际需求相匹配。

例如，某立木胸径为80cm，根据表3-3，树高5m处的上部直径为60.8cm。利用公式（3-8）计算，得到树高5m处两侧边材和树皮厚度为5.2cm。因此，树高5m处的不含边材和树皮厚度的最大可用直径（表3-4）为55.6cm（60.8cm－5.2cm＝55.6cm）。此外，由于地面以上1m范围内的树干形状不规则，所以不可用于建筑木制部分。经计算，胸径至少为80cm的立木才能用来生产直径为55.6cm、长度为4m的木材。通过这种方法，由建筑测量所得的木制构件尺寸规格信息与森林调查所得的胸径信息之间建立了很好的关联性。

利用表3-4中的信息和实地测绘的建筑数据（表2-4），可以估算对立木的尺寸规格要求。图3-6显示了沈阳故宫修复所需的不同胸径的落叶松数量。

图3-6 沈阳故宫修复所需的不同胸径的落叶松数量

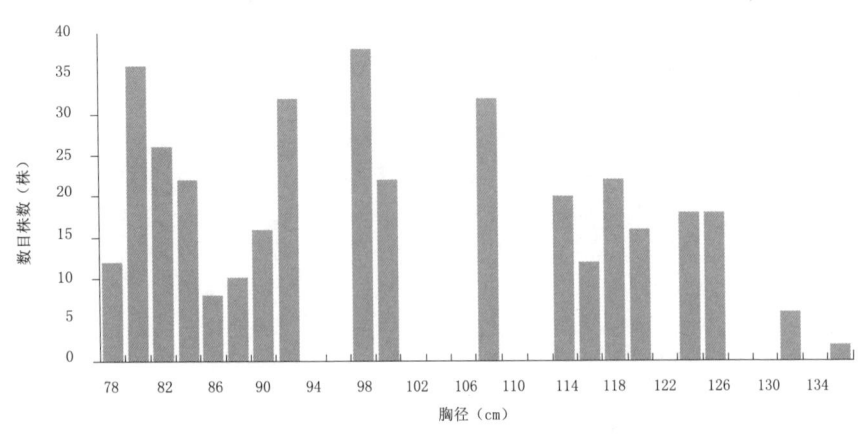

表3-3

既定树高处的上直径估算值（单位：cm）

胸径高度的树木直径	h=3	h=4	h=5	h=6	h=7	h=8	h=9	h=10	h=11	h=12	h=13	h=14	h=15	h=16	h=17	h=18	h=19	h=20
80	67.8	63.6	60.8	59.1	58.0	57.3	56.8	56.2	55.6	54.8	53.9	52.7	51.4	49.9	48.4	46.7	45.0	43.3
82	69.5	65.2	62.4	60.6	59.5	58.7	58.2	57.6	57.0	56.2	55.3	54.1	52.8	51.3	49.7	48.1	46.4	44.6
84	71.3	66.8	63.9	62.0	60.9	60.1	59.5	59.0	58.4	57.6	56.6	55.5	54.2	52.7	51.1	49.4	47.7	45.9
86	73.0	68.4	65.4	63.5	62.3	61.5	60.9	60.4	59.8	59.0	58.0	56.9	55.6	54.1	52.5	50.8	49.0	47.3
88	74.7	70.1	67.0	65.0	63.7	62.9	62.3	61.8	61.1	60.4	59.4	58.3	56.9	55.5	53.8	52.1	50.4	48.6
90	76.5	71.7	68.5	66.5	65.2	64.3	63.7	63.1	62.5	61.7	60.8	59.7	58.3	56.8	55.2	53.5	51.7	49.9
92	78.2	73.3	70.0	67.9	66.6	65.7	65.1	64.5	63.9	63.1	62.2	61.0	59.7	58.2	56.6	54.8	53.0	51.2
94	80.0	74.9	71.6	69.4	68.0	67.1	66.5	65.9	65.3	64.5	63.6	62.4	61.1	59.6	57.9	56.2	54.4	52.5
96	81.7	76.6	73.1	70.9	69.5	68.5	67.9	67.3	66.6	65.9	64.9	63.8	62.5	61.0	59.3	57.5	55.7	53.8
98	83.4	78.2	74.7	72.4	70.9	69.9	69.2	68.6	68.0	67.2	66.3	65.2	63.8	62.3	60.7	58.9	57.0	55.1
100	85.2	79.8	76.2	73.8	72.3	71.3	70.6	70.0	69.4	68.6	67.7	66.5	65.2	63.7	62.0	60.2	58.4	56.4
102	86.9	81.5	77.8	75.3	73.8	72.7	72.0	71.4	70.7	70.0	69.1	67.9	66.6	65.1	63.4	61.6	59.7	57.7
104	88.7	83.1	79.3	76.8	75.2	74.1	73.4	72.8	72.1	71.4	70.4	69.3	68.0	66.4	64.8	62.9	61.0	59.0
106	90.4	84.7	80.9	78.3	76.6	75.5	74.8	74.1	73.5	72.7	71.8	70.7	69.3	67.8	66.1	64.3	62.4	60.4
108	92.2	86.4	82.4	79.8	78.1	76.9	76.2	75.5	74.9	74.1	73.2	72.0	70.7	69.2	67.5	65.6	63.7	61.7
110	93.9	88.0	84.0	81.3	79.5	78.3	77.5	76.9	76.2	75.5	74.5	73.4	72.1	70.5	68.8	67.0	65.0	63.0
112	95.7	89.6	85.5	82.7	80.9	79.7	78.9	78.3	77.6	76.8	75.9	74.8	73.4	71.9	70.2	68.3	66.4	64.3
114	97.4	91.3	87.1	84.2	82.4	81.2	80.3	79.6	79.0	78.2	77.3	76.1	74.8	73.3	71.6	69.7	67.7	65.6

续表

胸径高度的树木直径 木直径	h=3	h=4	h=5	h=6	h=7	h=8	h=9	h=10	h=11	h=12	h=13	h=14	h=15	h=16	h=17	h=18	h=19	h=20
116	99.2	92.9	88.6	85.7	83.8	82.6	81.7	81.0	80.3	79.6	78.6	77.5	76.2	74.6	72.9	71.0	69.0	66.9
118	100.9	94.6	90.2	87.2	85.2	84.0	83.1	82.4	81.7	80.9	80.0	78.9	77.5	76.0	74.3	72.4	70.4	68.2
120	102.7	96.2	91.7	88.7	86.7	85.4	84.5	83.7	83.1	82.3	81.4	80.2	78.9	77.4	75.6	73.7	71.7	69.6
122	104.4	97.8	93.3	90.2	88.1	86.8	85.8	85.1	84.4	83.7	82.7	81.6	80.3	78.7	77.0	75.1	73.0	70.9
124	106.2	99.5	94.8	91.7	89.6	88.2	87.2	86.5	85.8	85.0	84.1	83.0	81.6	80.1	78.3	76.4	74.4	72.2
126	107.9	101.1	96.4	93.1	91.0	89.6	88.6	87.9	87.1	86.4	85.5	84.3	83.0	81.4	79.7	77.8	75.7	73.5
128	109.7	102.8	97.9	94.6	92.4	91.0	90.0	89.2	88.5	87.7	86.8	85.7	84.4	82.8	81.0	79.1	77.0	74.8
130	111.4	104.4	99.5	96.1	93.9	92.4	91.4	90.6	89.9	89.1	88.2	87.1	85.7	84.2	82.4	80.5	78.4	76.2
132	113.2	106.0	101.0	97.6	95.3	93.8	92.8	92.0	91.2	90.5	89.5	88.4	87.1	85.5	83.8	81.8	79.7	77.5
134	114.9	107.7	102.6	99.1	96.8	95.2	94.2	93.3	92.6	91.8	90.9	89.8	88.4	86.9	85.1	83.1	81.0	78.8
136	116.7	109.3	104.2	100.6	98.2	96.6	95.5	94.7	94.0	93.2	92.3	91.1	89.8	88.2	86.5	84.5	82.4	80.1

既定树高处的上直径（不含树皮和边材厚度，单位：cm）

表3-4

胸径高度的树木直径	h=3	h=4	h=5	h=6	h=7	h=8	h=9	h=10	h=11	h=12	h=13	h=14	h=15	h=16	h=17	h=18	h=19	h=20
80	62.2	58.2	55.6	53.9	52.9	52.2	51.7	51.2	50.6	49.9	48.9	47.8	46.6	45.2	43.7	42.1	40.5	38.9
82	63.9	59.8	57.1	55.3	54.3	53.6	53.0	52.5	51.9	51.2	50.3	49.2	47.9	46.5	45.0	43.4	41.8	40.1
84	65.6	61.3	58.5	56.8	55.6	54.9	54.4	53.8	53.2	52.5	51.6	50.5	49.2	47.8	46.3	44.7	43.1	41.4
86	67.2	62.9	60.0	58.2	57.0	56.3	55.7	55.2	54.6	53.8	52.9	51.8	50.6	49.1	47.6	46.0	44.3	42.6
88	68.9	64.4	61.5	59.6	58.4	57.6	57.0	56.5	55.9	55.1	54.2	53.1	51.9	50.5	48.9	47.3	45.6	43.9
90	70.5	66.0	62.9	61.0	59.7	58.9	58.3	57.3	57.2	56.5	55.6	54.5	53.2	51.8	50.2	48.6	46.9	45.1
92	72.2	67.5	64.4	62.4	61.1	60.3	59.7	59.1	58.5	57.8	56.9	55.8	54.5	53.1	51.5	49.9	48.1	46.4
94	73.9	69.1	65.9	63.8	62.5	61.6	61.0	60.4	59.8	59.1	58.2	57.1	55.8	54.4	52.8	51.2	49.4	47.6
96	75.5	70.6	67.3	65.2	63.8	62.9	62.3	61.7	61.1	60.4	59.5	58.4	57.2	55.7	54.1	52.4	50.7	48.9
98	77.2	72.2	68.8	66.6	65.2	64.3	63.6	63.1	62.4	61.7	60.8	59.7	58.5	57.0	55.4	53.7	52.0	50.1
100	78.9	73.7	70.3	68.0	66.6	65.6	64.9	64.4	63.8	63.0	62.1	61.1	59.8	58.3	56.7	55.0	53.2	51.4
102	80.5	75.3	71.8	69.4	67.9	67.0	66.3	65.7	65.1	64.3	63.4	62.4	61.1	59.6	58.0	56.3	54.5	52.6
104	82.2	76.9	73.2	70.8	69.3	68.3	67.6	67.0	66.4	65.6	64.8	63.7	62.4	61.0	59.3	57.6	55.8	53.9
106	83.8	78.4	74.7	72.3	70.7	69.6	68.9	68.3	67.7	67.0	66.1	65.0	63.7	62.3	60.6	58.9	57.0	55.1
108	85.5	80.0	76.2	73.7	72.0	71.0	70.2	69.6	69.0	68.3	67.4	66.3	65.0	63.6	61.9	60.2	58.3	56.4
110	87.2	81.5	77.7	75.1	73.4	72.3	71.5	70.9	70.3	69.6	68.7	67.6	66.3	64.9	63.2	61.5	59.6	57.7
112	88.9	83.1	79.1	76.5	74.8	73.7	72.9	72.2	71.6	70.9	70.0	68.9	67.6	66.2	64.5	62.8	60.9	58.9
114	90.5	84.7	80.6	77.9	76.2	75.0	74.2	73.5	72.9	72.2	71.3	70.2	68.9	67.5	65.8	64.0	62.1	60.2

续表

胸径高度的树木直径	h=3	h=4	h=5	h=6	h=7	h=8	h=9	h=10	h=11	h=12	h=13	h=14	h=15	h=16	h=17	h=18	h=19	h=20
116	92.2	86.2	82.1	79.3	77.5	76.3	75.5	74.9	74.2	73.5	72.6	71.5	70.2	68.8	67.1	65.3	63.4	61.4
118	93.9	87.8	83.6	80.8	78.9	77.7	76.8	76.2	75.5	74.8	73.9	72.8	71.6	70.1	68.4	66.6	64.7	62.7
120	95.5	89.4	85.1	82.2	80.3	79.0	78.2	77.5	76.8	76.1	75.2	74.1	72.9	71.4	69.7	67.9	66.0	63.9
122	97.2	90.9	86.6	83.6	81.7	80.4	79.5	78.8	78.1	77.4	76.5	75.4	74.2	72.7	71.0	69.2	67.2	65.2
124	98.9	92.5	88.0	85.0	83.0	81.7	80.8	80.1	79.4	78.7	77.8	76.7	75.5	74.0	72.3	70.5	68.5	66.5
126	100.5	94.1	89.5	86.5	84.4	83.1	82.1	81.4	80.7	80.0	79.1	78.0	76.8	75.3	73.6	71.3	69.8	67.7
128	102.2	95.6	91.0	87.9	85.8	84.4	83.4	82.7	82.0	81.3	80.4	79.3	78.1	76.6	74.9	73.0	71.1	69.0
130	103.9	97.2	92.5	89.3	87.2	85.7	84.8	84.0	83.3	82.6	81.7	80.6	79.4	77.9	76.2	74.3	72.3	70.2
132	105.6	98.8	94.0	90.7	88.5	87.1	86.1	85.3	84.6	83.9	83.0	81.9	80.7	79.2	77.5	75.6	73.6	71.5
134	107.2	100.3	95.5	92.1	89.9	88.4	87.4	86.6	85.9	85.2	84.3	83.2	82.0	80.5	78.8	76.9	74.9	72.7
136	108.9	101.9	97.0	93.6	91.3	89.8	88.7	87.9	87.2	86.5	85.6	84.5	83.3	81.8	80.1	78.2	76.2	74.0

3.5　小结

本章对47株疏伐原始落叶松进行了形态学分析，以确定相对干曲线，并选择108株立木，用于中国东北部吉林省长白山地区的树高曲线模拟。通过测量胸径，以对立木尺寸信息（如直径、长度）和建筑木制构件尺寸规格进行对比。佐藤（2012）的研究采用三阶方程的相对干曲线，而本研究采用平均误差B、标准误差估算值SEE和拟合指数FI，对模拟方程在适用范围的精确度进行比较，得到六阶方程的相对干曲线模拟准确度更高。与佐藤（2012）方法相比，本研究方法在适用范围内的精确度有所提高。当然，为了弥合建筑修复与森林管理之间的利益冲突，需要进一步的尝试。

第4章

利用高分辨率卫星影像图进行
面向对象的落叶松树冠描绘

　　森林为人类提供了生态、社会和经济价值，准确地获取这些信息是进行森林资源清查的首要目标，因此，我们必须更好的理解并管理这些宝贵的生态系统。本章将从单木的尺度进行森林资源分析，利用遥感和自动图像分析技术获取的信息，就中国东北地区原始自然落叶松林进行重点分析，为森林管理提供综合的基础信息。

　　准确、及时和卓有成效的森林调查一直是森林管理的关键问题，且历来与木材产业密切相关（Holmgren and Thuresson 1998；Smith 2002；Van Hooser *et al.*，1992）。此外，为满足历史建筑可持续修复的需求，森林调查需要提供适于森林管理的持续和阶段性信息。

　　早期的森林资源调查仅限于面积较小的区域的地面调查，是典型的费力、耗时的低效调查（Preto，1992）。遥感技术的应用使得森林资源信息的获取更加低成本和高效率，减少了地面测量的劳动力成本。自1972年地球观测卫星——美国陆地卫星（Landsat-1）发射以来，卫星遥感技术在森林监测中起到了重要的作用（Hirata，2008），为满足森林调查需要，快速、准确地了解森林覆盖的空间分布提供了潜在的可能途径（Martinez *et al.*，2008）。由QuickBird、GeoEye-1和WorldView-2等卫星获取的高分辨率遥感图像（＜1m）提供了可用的数据资源（Capaldo *et al.*，2012；Mallinis *et al.*，2008；Tu *et al.*，2012），而对这些影像的自动分析也为逐一提取树冠信息提供了新的契机（Leckie *et al.*，2005）。

　　Bechtold（2003）及Hemery（2005）等人的研究表明，树木的冠径与干径密切相关。从数据中逐一提取单木的树冠信息可用来估算其他变量，如单木的胸径等（Hirata *et al.*，2009）。野外调查已经发现，落叶松林的单木胸径和冠径之间存在很强的异速生长关系（Gilmore，2001），因此，通过建立单木树冠和胸高断面积（总干面积）之间的关系，为以中国历史木结构建筑修复为目的森林资源评估提供了可能。

　　本章主要是利用易康软件平台（eCognition Developer）自动界定树冠功能，对研究区域内不同胸径的大尺寸落叶松分布进行评估，以开发及评估一种适用于原始落叶松林的树木探测和界定算法。同时，确定由开发的算法界定的树冠面积与野外测量的总干面积之间的线性关系，并且利用建立的相关模型，对大规模落叶松资源进行评估。

4.1 单木树冠判定

树木在高分辨率卫星图像上通常显示为由深色阴影包围的明亮物体（Leckie *et al.*，2005）。冠层结构的3D光谱图像类似于尖部朝上的锥形或山形（Pouliot *et al.*，2002），而大部分单木树冠的探测和界定方法都是基于这一现象。

树冠探测方法包括以下几种：

（1）局部最大值滤波法（local maxima filtering）：Pinz（1991）利用10-cm像素的航空影像确定树冠中心，通过测定同心圆亮度变化，以估算冠径。Gougeon（1997）和Wulder（2000）等人采用移动窗口的最大像素亮度值/像元亮度值来表示树顶。Culvenor（2002）通过分析顶部的树冠中心点，而不是单侧光谱反射率，以获取亮点。

（2）模板匹配法（template matching method）：Larsen（1997,1999）和Quackenbush（2004，2000）等人提出了不同观测条件下的树冠模型，并将图像亮度与树冠形状模型特征相匹配。Larsen（1997，1999），Larsen和Rudemo（1998）及Pollock（1996）等人将合成树冠模型与航摄像片进行匹配。

（3）多尺度树冠提取法（multi-scale analysis）：Brandtberg和Walter（1998），Pitkanen（2004）及Wang（2010）研究发现，在不同尺度的图像上的树冠边缘会出现凸起，并利用此特点确定最亮的像素值区域即为树冠中心点。

（4）图像二值化（image binarization）：Dralle和Rudemo（1996，1997）采用图像的直方图和众数的阈值，认为高于某一像素即可判定为单木。

树冠的描绘方法（包括探测界定）包括：

（1）谷地跟踪法（valley following）：这一方法通过识别数据值的相似度及利用区分树冠和非林区的阈值来描绘树冠。确定阴影区域的谷地并采用规则算法处理冠层信息得到树冠形状（Gougeon and Leckie，2001，2006；Katoh *et al.*，2009；Leckie *et al.*，2005；Leckie *et al.*，2003）。

（2）区域生长法（region growth）：该方法利用树冠探测中确定的最亮像素点，即树冠中心点作为区域生长的种子点，并将种子点周围与种子点像素值相似的各点合并（Bunting and Lucas，2006；Culvenor，2002；Erikson，2003，2004；Erikson and Olofsson，2005；Pouliot *et al.*，2002）。

（3）分水岭法（watershed method）：本方法在边缘监测后确定标记控制的分水岭分割。提取树顶的标记图像用于确定分水岭分割，并用于进一步区分树丛，最终得到由单木树冠组成的分割图像（Lamar *et al.*，2005；Wang *et al.*，2004）。

此外，还有许多其他方法，多是结合或改进上述的一种或几种方法。

上述的树冠探测和描绘算法多是基于以像素为基础的分析，假设树冠为圆形，亮点位于圆心处。并且用于分析的森林类型比较单一。此外，大多数的算法用于对垂直航拍影像的分析，且研究仅考虑这些算法在分析最大视角拍摄的影像上的表现（Ke and Quackenbush，2011a；band Quackenbush，2011a，b）。高分辨率影像的获取促使基于像素的算法分类向面向对象的算法分类转换。在面向对象的图像分析中，每个对象由基于相同标准的空间相邻像素组成，从而减少了由于像素混合所带来的问题（Hay *et al.*，2005；Hussin and Gilani，2010）。

本研究使用GeoEye-1卫星拍摄的，空间分辨率为0.5-m的中国东北部原始自然林图像进行单木落叶松树冠描绘，以估算大尺度落叶松的胸径和分布。同时利用eCognition Developer软件（8.7版）开发一种合适的算法，一种面向对象的图像分析方法。利用有意义的图像对象与相关联的特征进行图像分割（主要基于尺度、形状和紧凑性），而不是单纯地分析像素值。与传统的基于像素的分析方法相比，图像对象具有更多的特征，如质地、形式、内容及周边情况等（Heurich *et al.*，2010）。eCognition Developer的规则集模型可进行复杂的迭代运算，并可在单一对象层面进行处理，这些处理包括融合、分离、分割和分类（见eCognition Developer 8.7用户手册）。此外，该算法可输出"shape file"格式文件，用于在地理信息系统（GIS）中处理图像数据。且"协议"功能可以保存开发的规则集，使其能够应用于其他林分。

4.2　研究区域概况

研究区域位于中国东北部地区、与朝鲜毗邻的长白山自然保护区内（东经127°42′～128°17′，北纬41°43′～42°26′）。长白山自然保护区建于1960年，是中国最大的自然生态保护区，总面积约200000hm²，中国境内的海拔高度740m～2681m（Wang *et al.*，

2010），属大陆性山地气候，年降水量为600～1000mm，植物生长盛季120～130天（Thomas *et al.*，2007）。由于长白山自然保护区未受到砍伐及其他严重的人类活动干扰，许多学者已经对该地区的群落分类进行了研究，结果表明，该地区主要由三种森林类型构成（Chen，1963）：（1）亚高山针叶林（海拔1500～1700m），主要有长白鱼鳞云杉、长白落叶松、臭冷杉和长白山岳桦；（2）混合针叶林（海拔1100～1400m），主要有阔叶红松、长白鱼鳞云杉、臭冷杉、长白落叶松等；（3）针阔叶混交林（海拔1100m以下），主要有阔叶红松、五角枫、椴树、春榆和柞木。

　　外业调查区域为长白山东北坡海拔1265m处，地势较为平坦（图4-1），对应Chen（1963）及Bai（2008）等人研究中的两种森林类型。调查区域属于以原生落叶松为主的成熟针叶林（图4-2）。由于原生落叶松树冠的遮挡，林下没有足够的阳光，导致其他苗

图4-1 研究区域（GeoEye-1卫星图像，波段4、3、2分别为红（R）、绿（G）、蓝（B））

注：图中12个圆形地块，其中11个为外业调查区，1个（左下角处）为测试区。

图4-2 外业调查中的
原生落叶松树

木无法在本区域生长。因此，几乎所有外业测得的原生落叶松在遥感图像上均清晰可见。

4.3 面向对象的树冠描绘方法

4.3.1 面向对象的树冠描绘方法概述

GeoEye-1卫星传感器同时采集0.41-m全色图像（为满足商业用途，对0.5-m分辨率重复抽样）和1.64～mm多光谱图像。多光谱波段如下：蓝色（B），450～510nm（波段1）；绿色（G），510～580nm（波段2）；红色（R），655～690nm（波段3）；近红外（NIR），780～920nm（波段4）。全色波段光谱范围为450～800nm。相比于同一地区的常绿针叶林木，落叶松在秋天会呈现不同的颜色（深褐色），树叶会自然掉落。因此，采用一个于2010年11月3日拍摄的，面积为5km×5km的经过正射校正的GeoEye-1卫星图像，包括长白山东北部山地，以用于从针叶林中提取落叶松。太阳方位角为166.3°，太阳高度角为31.8°，传感器方位角为9.6°，传感器接收角为73.2°。研究采用GeoEye-1的彩色合成图像进行落叶松树冠描绘，该图像为融合了多光谱和全色波段的一个0.5-m空间分辨率的多光谱影像（图4-1）。

本研究从两个方面——计算处理和实地测量进行数据采集及分析。图4-3左侧为计算机处理过程的总体框架，采用4、3和2（红、绿和蓝）的波段组合以获取更清晰易懂的视觉色彩。由于整个图像（25km²）用于计算机处理的数据量过大，因此，选择其中的一个区域子集用于测试算法。图4-3右侧为外业工作流程。最后采用回归模型评估研究地区的落叶松资源。

利用局部最大值的区域增长法已经被广泛应用于森林遥感，并被证明可在许多研究中提供有用信息。这一方法较为灵活，可检测各种尺寸的树冠（Ke and Quackenbush，2008）。Bunting、Lucas（2006）和Tsendbazar（2011）采用易康（eCognition）规则集合功能对复合树种的自然林进行分析，取得了很好的研究成果，1:1对应的比例在48%与88%之间。与其他方法相比，这一方法在天然林分析方面有相对较高的准确率（Ke and Quackenbush，2008；Tsendbazar，2011）。本研究在eCognition中为以落叶松为主的针叶林制定一个原始规则集合，进而采用区域增长法进行分析。

如数据处理方法流程图所示，将一系列图像分割和分类算法进行结合，以利用遥感图像进行单木落叶松树冠描绘。所有算法均应用eCognition Developer 8.7的各种功能生成（具体算法详

图 4-3　数据处理方法流程图

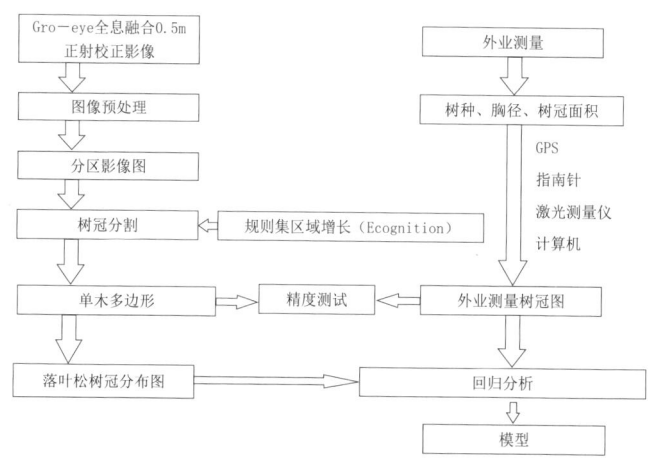

图4-4 利用遥感影像
图进行落叶松树冠描
绘的整体流程

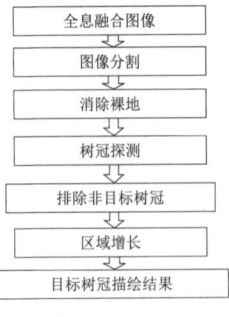

全息融合图像

↓

图像分割

↓

消除裸地

↓

树冠探测

↓

排除非目标树冠

↓

区域增长

↓

目标树冠描绘结果

见附录A）。图4-4表示利用遥感影像进行的落叶松树冠描绘的步骤，每个步骤的详细方法将在接下来的几个部分中做具体说明。

面向对象的图像分析法将一组像素或"有意义的对象"作为分类的基本单元，而非单个像素点（Chubey *et al.*，2006）。对象是由基于同质准则的空间上相邻的像素组成（Benz *et al.*，2004）。图像分割的目的是生成图像对象，是将图像分割成不相交的几个区域的过程（Blaschke，2010）。采用面向对象的图像分析法创建形状、大小相似且单木冠部紧凑的对象，用以描绘单木树冠。

eCognition Developer为用户提供了一系列分割算法，如棋盘法、四叉树法、多重分辨率法、对比度分割法和多阈值法。这些算法可以单独或结合使用，以产生有用的分析工具。eCognition Development中一个最为常用的图像分割方法是多分辨率算法。其本质是一种自下而上的区域增长法，首先选定一个像素，然后根据像素的异质性特征，将相邻的对象合并成一个较大的对象。

4.3.2　图像分割

本研究中的图像分割算法采用多分辨率图像分割法，旨在将相同场景的图像分割成不同尺度的片段。图像分割由一个像素对象起，依照异质阈值逐步合并周边相似的对象，该阈值由某一"尺度参数"确定（Benz *et al.*，2004）。其他分割参数包括影像图层的权重、形状和紧凑型。

所需卫星图像（图4-5）的子集为随机选取的裸地（包括道路和裸露地面斑块）与森林共存的区域。这些要素共存可能影响树冠描绘的结果。因此，选择两种适当的图像分割尺度，在林区和非林区创建对象是非常重要的。与较大的非林区（包括道路和裸露地面斑块）划分相比，林区分割需要更加精细的分割尺度。尺度参数是一个抽象的术语，用来表示分割所得的图像对象允许的最大差异性。利用给定尺度参数的异构数据分割所得的对象要比采用更多同构数据的对象要小。通过进行尺度参数值的优化，图像对象的大小可以不尽相同。形状参数值可以改变形状与颜色标准之间的关系。如果形状标准的权重接近一致，那么得到的对象在空间上将更加均质。然而，形状标准的值不能大于0.9，因为没有图像的光谱信息，所得的对象也就根本不会有相关的光谱信息。利用活动条调整图像色彩数值，利用形状分割图像。紧凑性参数用于优化图像对象，只有通过相对较弱的光谱对比度，才能将不同的紧凑对象与不同的非紧凑对象区分开。活动条也可以用来调整图像分割的紧凑程度。

4.3.3　去除裸地

树木描绘和判定算法的一个重要步骤是标记林地。其定义为与非林区交接处树冠的外边界，如裸地和草地（Gougeon and Leckie，2006）。

从全息融合图像（图4-5）可以清晰地看出，大面积的裸地可能会给落叶松树冠描绘带来很大的负面影响。因此，消除与裸地相关的光谱信息是一项重要内容。裸地区域分割必须在大尺度上进行，且通过反复试验，本研究将尺度设定为20、50和100三种进行测试。尺度设定为100的分割图像过大，因为有些分割的多边形包含林地（图4-6c）。相比之下，尺度设定为20分割所得的多边形图像过小，裸地分割多边形基本上与林地分割多边形相同，可能会因此造成未来从林区提取裸地时的混乱（图4-6a）。分割尺度设定为50时相对较适于场地现状（图4-6b、图4-7），因此，本研究采用形状和紧凑性参数为0.5且分割尺度设定为50的图像分割方法。

图 4-5　卫星影像的次级区域

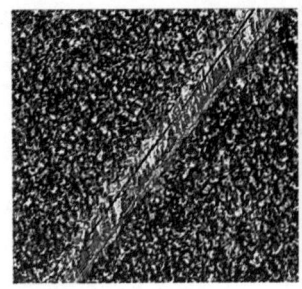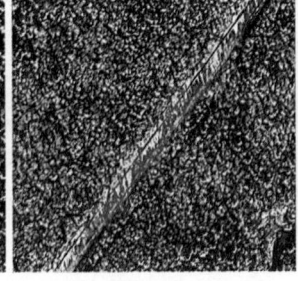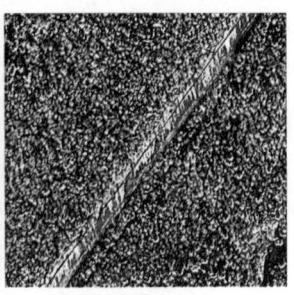

（a）：片段尺度设定为20　　　　　（b）：片段尺度设定为50　　　　　（c）：片段尺度设定为100

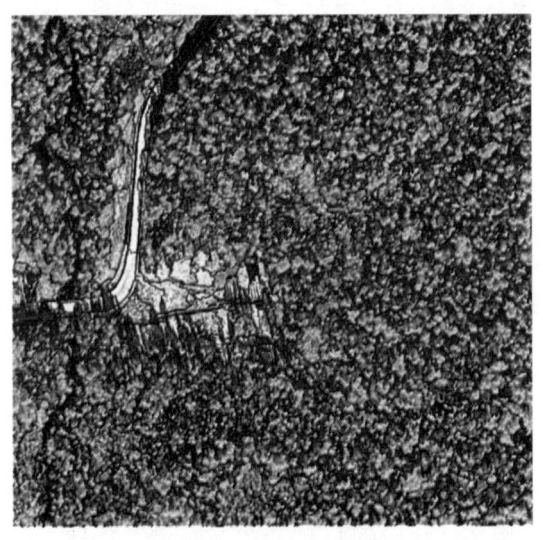

图4-6 三种不同尺度设定所得的分割片段（红色多边形是为进行比较而人为选取的）

图4-7 尺度设定为50的分割片段

　　森林判定指标（*FDI*）是指近红外波段－红边波段－蓝光波段，最先由Bunting和Lucas（2006）应用于利用CASI卫星传感器进行林地标记中。考虑到林地条件与Bunting和Lucas（2006）研究对象的相似性，本研究选用相似指标作为消除裸地的参数。由于Geoeye-1卫星图像有四个波段，选用修改的森林判定指标（*MFDI*）代替红边波段和红色波段（波段4）用于去除裸地。确定三个修改后的森林判定指标（*MFDI*），以获取最佳结果。结果显示，如果修改后的森林判定指标（*MFDI*）值<-150，将有很多树木被误判为裸地（图4-8*a*），而如果修改后的森林判定指标（*MFDI*）值<-250，将有裸地被误判为树木（图4-8*c*）。因此，选用修改后的森林判定指标（*MFDI*）值<-200，以获得最佳结果。

选取50m²、100m²和150m²作为参数以取得更准确的结果。当面积≥50m²时（图4-9a），临近裸地的树木会被误判为裸地；当面积≥150m²时（图4-9c），少量裸地会被误判。因此，选取面积≥100m²作为判定裸地的参数（图4-9b）。

基于上述分割方法及划分标准，若多边形满足如下条件，则可判定为裸地。

$$\begin{cases} MFDI < -200 \\ Area \geqslant 100m^2 \end{cases}$$

式中，*Area*表示每个片段的面积；修改的森林判定指标值（*MFDI*）＝近红外波段－红边波段－蓝光波段（Bunting and Lucas, 2006），是区分植被和裸地的度量值。

图 4-8 按照三个不同的修改过的森林判定指标值（*MFDI*）分割的片段（红色多边形是为进行比较而人为选取的）

图 4-9 按照三种不同的面积标准分割的片段（红色多边形是为进行比较而人为选取的）

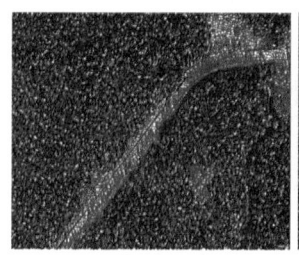

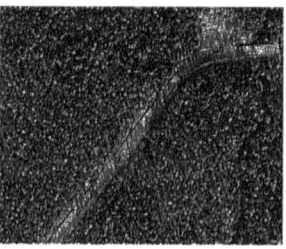

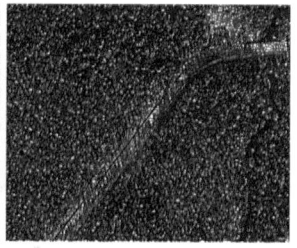

（a）修改过的森林判定指标值（*MFDI*）低于－150

（b）修改过的森林判定指标值（*MFDI*）低于－200

（c）修改过的森林判定指标值（*MFDI*）低于－250

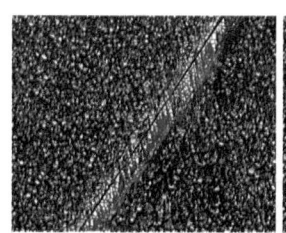

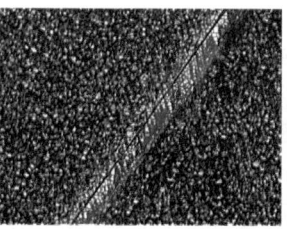

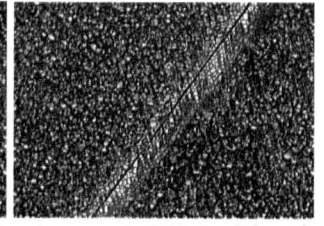

（a）去除裸地（面积≥50m²）

（b）去除裸地（面积≥100m²）

（c）去除裸地（面积≥150m²）

4.3.4　树冠探测

去除裸地后，可以从该图像中探测及提取落叶松树冠。以下是树冠探测的三个主要步骤：

（1）首先，为了消除阴影区域（包括树木阴影、树木间隙等），设定更为尺度值为5、形状及紧凑值为0.9，以创建更小的对象。分割对象的亮度值作为分类的基本标准，使用所有波段的数值（digital number，DN值）。

选择三类分割多边形的训练样本做具体分析。三类分割多边形为：落叶松多边形、常绿乔木多边形、阴影区域多边形。阴影区域多边形的平均亮度值为61，且非阴影区域多边形的平均亮度值为99，因此，取80作为区分阴影区域和非阴影区域的亮度值标准。

（2）消除阴影区域之后，剩余的图像几乎全是落叶松和常绿树。需要寻找合适的树冠种子用于进一步分析。术语"种子"作为一种新的分割尺度，指的是采用多重分辨率分割法所得的一组有意义的像素。因此，将新的分割尺度设定为10、20和30（图4-10）。结果发现，将尺度设定为10会导致多边形的过度分割，即一个大的树冠分割成了许多较小的多边形（图4-10a）；将尺度设定为30会导致多边形被误认为已被分割，即两个或三个树冠被误判为一个单独的树冠（图4-10c）；尺度设定为20的分割效果最好（图4-10b）。因此，在这一阶段将图像的分割尺度设定为20，且树冠种子为圆形，形状和紧凑值为0.9。

然而，某些阴影区域在上一步骤中未被去除。因此，选取修改过的森林判定指标值（$MFDI$）、归一化植被指数（$NDVI$）、椭圆拟合值及长宽比用于细化分类。利用对象边界（由半长轴和半短轴确定的）进行椭圆拟合，以创建一个椭圆，并将椭圆内的对象面积和椭圆外的对象面积进行比较。椭圆拟合值范围在0与1之间，椭圆拟合为整数则代表这是一个完美的椭圆。长宽比用于确保分割的落叶松树冠是相对对称的，不会过长。经过反复试验，最终确定长宽比值为2.5。树木的分割多边形要比阴影区域更圆，因此选取的椭圆拟合值大于0.5。训练样本中的大部分常绿乔木

图4-10 由三种再分割尺度设定值所得的分割结果（红色多边形是为进行比较而人为选取的）

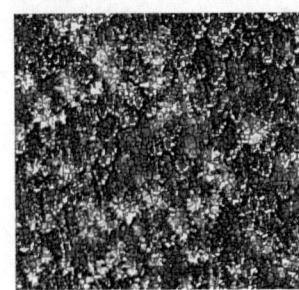
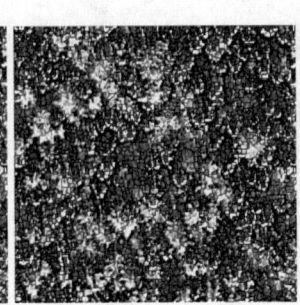
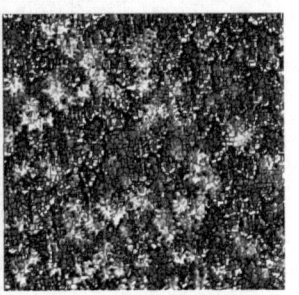

（a）再分割尺度设定为10（红色多边形是为进行比较而人为选取的）

（b）再分割尺度设定为20（红色多边形是为进行比较而人为选取的）

（c）再分割尺度设定为30（红色多边形是为进行比较而人为选取的）

多边形的*MFDI*值大于-50，因此判定，大于-50为非落叶松树。同一地区的常绿乔木，秋季和冬季相比，落叶松呈现不同的光谱特征。在每年的这两个季节，落叶松的树叶都会掉落，因此，与同一地区的其他针叶树木相比（*NDVI*值在1与0之间），落叶松树冠呈现出不同的归一化植被指数（*NDVI*）（在-1与0之间）。因此，若分割树冠对象的归一化植被指数（*NDVI*）≤0，则可判定为落叶松树冠。归一化植被指数（*NDVI*）＝(*NIR*-*VIS*)/(*NIR*+*VIS*)，其中*VIS*和*NIR*分别代表可见光（红光）波段和近红外波段的反射值）。

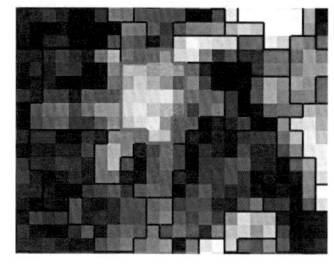

图4-11 落叶松树冠探测实例（紫色代表落叶松，红色代表分割结果）

最后，若片段满足如下条件，则可判定为落叶松树冠（图4-11）。

$$
\begin{cases}
亮度 \geqslant 80 \\
椭球度 \geqslant 0.5 \\
-200 < MFDI < -50 \\
NDVI \leqslant 0 \\
长度比 \geqslant 2.5
\end{cases}
$$

4.3.5　区域增长

将尺度设定为20进行再分割后，大部分落叶松树冠被描绘，但为了取得最好的单木树冠描绘结果，本章选取eCognition community中的开放源代码算法进行区域增长。选取平均近红外值（*NIR*）是用于探测落叶松树冠区域增长法的必要条件（图4-12左图）。如果待定的树冠分割多边形值大于0.9且小于1，则该片段在

图4-12 由树冠种子进行扩大到整个落叶松树冠的过程

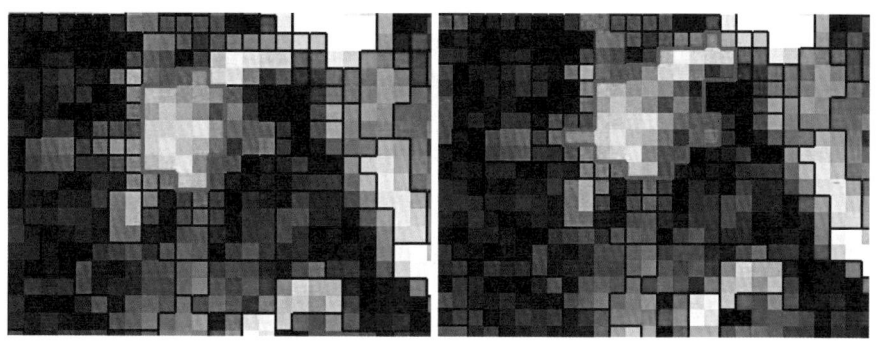

图4-13 单木落叶松
树冠描绘的样本结果
（蓝线描绘的多边形
代表落叶松）

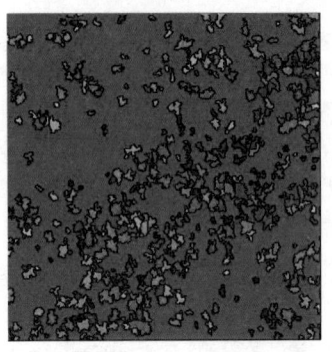

更小的尺度上将被判定为落叶松树冠（4-12右图），否则，在初始状态下仍将无法确定（采用eCognition community已发布的算法）。进行区域增长后，落叶松树冠已被全部标示。图4-13显示最终落叶松多边形样本的输出图像（500m×500m）。

4.4 落叶松树冠描绘结果评价

4.4.1 外业工作

于2011年5月3~16日进行外业测量数据采集工作。外业工作的首要任务是采集落叶松的树冠大小及胸径信息。由于缺少详尽的研究区域的落叶松分布图，因此有必要利用GeoEye-1卫星图像作为参考，将落叶松与其他针叶树种区分开。这一识别方法相对简单直接，因为落叶松的光谱特征与其他针叶树种有显著的区别。相对于其他常绿针叶树，落叶松在秋季和冬季会呈现颜色变化（树叶由绿色变为棕色）。现场定位了11处样本采集点，根据准备的参考图像可以看出，这些地方的落叶松胸径相对较大。

考虑到成熟林中的落叶松数量相对较小，所以样本地选取直径为50m的圆形地块（如图4-1中小圆圈所示）。为采集到足够的单木落叶松样本数据，对各个样本地内所有落叶松的胸径进行了测量。两个正交方向上沿最大冠长测量树冠直径。由于测量原生落叶松树冠尺寸较为困难且非常耗时，因此取正交方向上测量的两个长度的平均值作为树冠直径值。首先，选取区域内最大的落叶松作为各个样本地的中心树。落叶松是一种干形垂直的树种，因此用Garmin 62 SJ GPS仪在树干处记录位置数据信息。由于是在5月进行外业测量工作，针叶林的上部空间未被完全遮挡，因此卫星信号相对较强。记录各个样本地的中心树位置（树干）的平均地理坐标值（约1个小时）。用TruPulse Laser Rangefinder仪测量并记录其他树木距相应样本地中心树的距离和方位角。将所有落叶松实测数据（胸径、树冠、方位角、距离）储存在数据库中（表4-1）。应用AutoCAD软件对该数据库进行进一步处理（表4-2），并在AutoCAD软件中创建地面参考图，以评估自动描绘的落叶松树冠。

　　然而，有些因素（地形、树高等）将影响记录的地理坐标的精确度，例如，所需的图像取决于卫星角度，GPS定位的树冠中心可能与图像上的树冠中心不同。因此，需要手动调整实测地理坐标信息以便与卫星图像上的树冠相匹配。

　　表4-1是（3号样本地）外业测量记录的部分数据：胸径为树木胸高处（1.3m）直径，根据胸径可计算出树木胸高断面积；树冠直径A和树冠直径B分别代表两个正交方向上测量的直径值，由直径A和直径B可计算出平均树冠半径R；外业树冠面积是指调查区域内测量的单木树冠面积；距离是指样本地中心距各个目标落叶松的距离；角度是指中心点与目标树的连线与正北方向的夹角。

　　表4-2表示利用表4-1中数据进行转化的AutoCAD命令。X和Y表示各个落叶松树在坐标系统中的位置。"Circle 0, 0 6.6"表示坐标系统中落叶松位置为（0，0），半径为6.6m。

部分样本地实测数据格式　　　　　表4-1

	胸径（cm）	胸高断面积（m²）	树冠直径A(m)	树冠直径B(m)	平均树冠半径R(m)	外业树冠面积（m²）	距离（m）	方位角
样本1	82.3	0.53	12.4	13.9	6.6	135.7	0	0
样本2	42.5	0.14	7.4	6.9	3.6	40.1	8.9	40.1
样本3	34.8	0.10	7.1	8.8	4.0	49.6	17	62.5
样本4	62.1	0.30	11.8	8.9	5.2	84.1	14.2	97.5
样本5	41	0.13	7.1	5.8	3.2	32.7	22.3	95.8
样本6	58.5	0.27	7.6	6.1	3.4	36.8	24.1	119.3
样本7	58.7	0.27	7.3	6.0	4.0	49.6	24.1	140.7
样本8	53.1	0.22	9.1	5.3	4.0	40.1	15.1	205.8
样本9	68	0.36	11.5	10.1	5.4	91.6	20.1	245.1
样本10	65.9	0.34	12.3	9.8	5.5	95.9	15.1	271.3

注：3号样本地42°8′24.995″N，128°8′5.121″E（ArcGIS中的地理坐标）。

转换成实际距离和角度后的AutoCAD 表4-2			
3号样本地	X	Y	生成相应圆圈的 AutoCAD 命令
样本1	0.00	0.00	circle 0,0 6.6
样本2	5.73	6.81	circle 5.73,6.81 3.6
样本3	15.08	7.85	circle 15.08,7.85 4.0
样本4	14.08	−1.85	circle 14.08,−1.85 5.2
样本5	22.19	−2.26	circle 22.19,−2.27 1.8
样本6	21.02	−11.79	circle 21.02,−11.79 1.9
样本7	15.26	−18.65	circle 15.26,−18.65 4.0
样本8	−6.57	−13.59	circle −6.57,−13.59 2.3
样本9	−18.23	−8.46	circle −18.23,−8.46 5.4
样本10	−15.10	0.34	circle −15.10,0.34 5.5

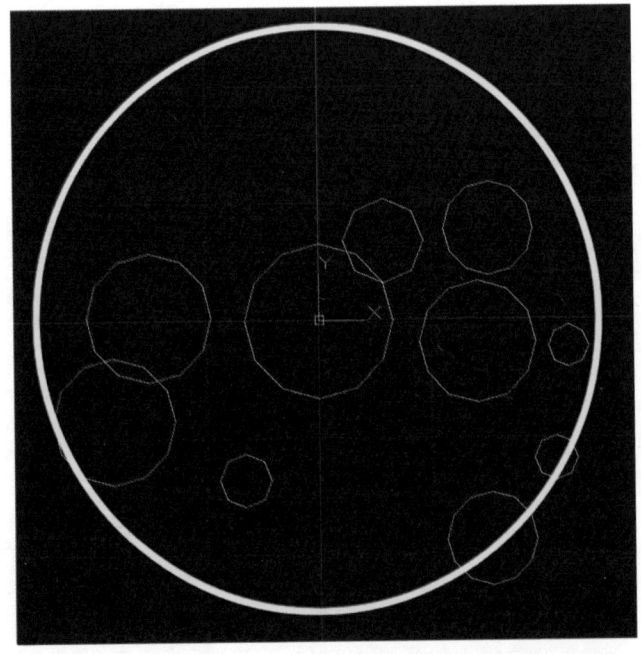

图4-14 AutoCAD 软件生成的外业工作范围（3号样本地：黄色圆圈代表直径为50m的样本地边界，白色圆圈代表样本区内实测的落叶松树）

4.4.2 精度评价

已经有学者提出了各种面向不同研究对象的精度评价（Bunting and Lucas 2006; Gougeon and Leckie 2006; Lamar *et al.* 2005; Pouliot *et al.* 2002; Wang *et al.* 2004）。总体来说，目视解译和定量评价是评价树冠描绘精度的必要步骤。

本研究从目视解译、树冠探测评估和树冠描绘评估三个方面进行精度评价。描绘结果必须要与目视解译相符。本研究将树冠分成三类：描绘正确、描绘过度和描绘不全。描绘过度的树冠是指一个树冠的一个或多个部分被判定为独立的对象。描绘不全则与之相反，指的是描绘结果错误地包含了数量超过一个的实际树冠。描绘过度和描绘不全为正确的树冠描绘提供了范围信息。正确的树冠描绘将会在后面的部分进行定量评价。本研究中，描绘适当的基本标准是外业测量所得的结果与由算法确定的树冠描绘结果至少有相互50%的重合，即将树冠多边形与外业测量结果重叠时，能够1∶1相匹配。也有些极特殊情况，例如，当两个外业测量的树冠相交时，在外业测量图上会表示为两者重叠，且算法得出分段多边形可能与两个实际树木相互有50%的重合率。但类似的特殊情况未在本研究中出现。

除了解译，本研究还采用了修改自Larmar等人的方法进行树冠探测精度分析，运用用户精度（*UA*）和生产者精度（*PA*）两个判断值。树冠探测评价实际是指探测树冠与参照树冠的重叠程度。

本研究中，生产者精度（*PA*）计算公式为式（4-1），表示一个参照树被正确描绘的概率。用户精度（*UA*）计算公式为式（4-2），表示一个描绘的树正确表示参照树的概率。

$$PA = \frac{Np}{Nr} \tag{4-1}$$

$$UA = \frac{Np}{Nd} \tag{4-2}$$

式中，*Np*表示能够1∶1完全匹配的树木数量，*Nr*表示参照树冠的总数，*Nd*表示描绘树冠的总数。

描绘精度评价是通过比较描绘树冠与参考树冠能够1∶1完全匹配的单木树冠面积。该精度用平均误差、绝对误差和均方根误差（*RMSE*）表示。均方根误差（*RMSE*）计算公式如下：

$$RMSE = \sqrt{\sum (D_i - R_i)^2 / Np} \tag{4-3}$$

式中，D_i表示第*i*个正确描绘的树冠的估算树冠面积（m²）；R_i表示相对应的参考树冠的面积（m²）；*Np*表示能够1∶1完全匹配的数量（50%重叠）。

　　本研究的目标是确定大尺寸落叶松资源，并且利用卫星图像估测胸径，因此，在完成树冠探测和描绘的精确性评价后，建立三个模型以表示描绘树冠、测量树冠和相应的胸高断面积三个变量中任意两个变量之间的关系。

　　外业测量是时间密集和劳动密集型任务。由于天然林中的单木落叶松尺寸较大，因此收集大尺寸落叶松样本较为困难。训练样本和测试样本对于本研究的模型建立和评估是必需的。本研究中的落叶松样本数量（包括训练样本和测试样本）为160，比以往研究的数量相对较少。一般来说，应当从训练样本中选取位于不同区域的样本作为测试样本。因此，选择卫星图像南侧共9个样本地作为训练样本，另外有2个位于北侧的样本地（5号样本地和6号样本地）作为测试样本，距训练样本3km。

　　由于训练样本和测试样本数量相对较少，因此稳定性验证尤为重要。在训练样本地和测试样本地中共选择5组样本进行稳定性验证。将所有样本地按平均胸径由小到大排列（样本地编号依次为5、6、7、10、1、2、4、3、11、8、9），每两个选为一组作为测试样本，剩下的作为训练样本，如表4-3所示。对各个模型的5组不同样本组合的决定系数、常数和相关系数的平方等系数进行定量测试和比较。

稳定性测试的样本组合　　　　　　　　　　　表4-3

组合	测试样本
A	5号样本地，6号样本地
B	7号样本地，10号样本地
C	1号样本地，2号样本地
D	4号样本地，3号样本地
E	11号样本地，8号样本地

　　如上所述，本研究共建立了研究要素间的三种关系，即（1）描绘树冠与实测树冠的关系，（2）实测树冠与胸高断面积的关系，（3）胸高断面积与描绘树冠的关系。在进行稳定性验证后，三个应用测试样本的模型得到了验证。利用预测值与实测值之间的平均误差、绝对误差和均方根误差对各个模型进行验证。最后，

本研究利用胸高断面积与描绘树冠间的关系确定大尺寸落叶松资源，并利用卫星图像估算胸径。

4.5 算法评价

4.5.1 目视解译

本研究选用eCognition Developer 8.7中的面向对象的规则集方法进行落叶松树冠描绘。图4-15表示两个具有代表性的样本地的落叶松树冠描绘结果。

从图4-15a可以看出，三个落叶松树冠属于描绘过度。主要在两种情况下会发生描绘过度，第一种情况也是最常见的情况，该树冠明显大于图像上的其他树冠，这种树冠在自动描绘过程中通常会被分成两个或多个独立对象；另外一种情况是与实际树冠的光谱特征有显著的差异因而造成描绘过度，例如，树冠阴影的一半比其原始反射暗，这将导致这一半阴影在描绘过程开始时被视作阴影而被消除。图4-15b中几乎所有描绘过度的树冠都属于这种情况。同时，图4-15b也显现了一些描绘不全的情况，这主要是一些大型落叶松的分枝可能会有明显的交叉，缺乏空间分离，可能导致两个或多个树冠被合并在一起。相比之下，常规的树冠大小能够被很好地探测和描绘为相对独立的树冠，这可能是由于与样本地的其他针叶树（冷杉、云杉等）相比，落叶松的枝条较为稀疏。

图4-15 落叶松树冠描绘结果

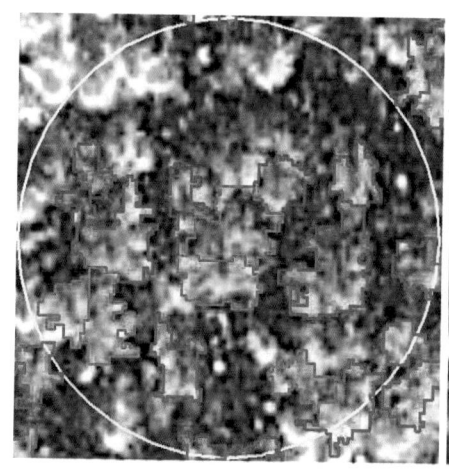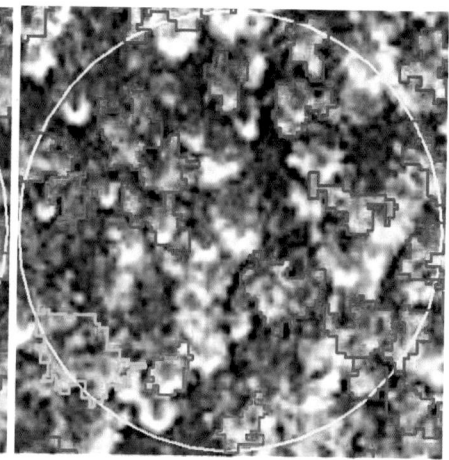

注：（左图：3号样本地，右图：5号样本地）左图和右图中的多边形代表通过算法得到的落叶松树冠分割结果，蓝线区域表示描绘过度，绿线区域表示描绘不全，黄色圆圈表示样本地范围

4.5.2　算法结果的精确性

外业工作共测量了11个样本地的160株落叶松，数据信息包括：中心树（人工确定的）地理坐标，落叶松总数，平均胸径和平均树冠直径，如表4-4所示。其中，平均胸径和平均树冠直径分别为55.2cm和8.2m。

表4-5表示由算法得出的树冠探测结果的评估，其中包括了单木层面上的探测误差评估。本研究的总体目标是建立一个适用于落叶松资源的预测模型。由算法划分的单木树冠和由外业测量得到的单木树冠间有50%的相互重叠，是预测能力好坏的评判标准。这一标准可以保证只有单木树冠描绘正确才能用于建立模型。精度评价中讨论的描绘过度和描绘不全两种情况以及描绘缺失在进一步的分析中不予采用。其中，描绘缺失表示客观存在的落叶松未被算法探测识别。

算法描绘的树木总数为181株。其中，大部分样本地的树木描

各个样本地的基本统计信息　　　　　　　　　　　　　表4-4

样本地编号	中心点地理坐标	落叶松编号	平均胸径（cm）	平均树冠直径（m）
1	42°8′23.075″N，128°8′5.628″E	16	53.8	8.4
2	42°8′33.851″N，128°8′32.546″E	17	55.5	8.5
3	42°8′24.995″N，128°8′5.121″E	10	56.7	8.8
4	42°8′26.102″N，128°8′13.510″E	15	55.5	8.4
5	42°9′56.984″N，128°9′11.633″E	19	49.8	6.8
6	42°9′52.680″N，128°9′5.030″E	17	51.5	7.8
7	42°8′17.160″N，128°8′4.700″E	13	53.0	7.4
8	42°8′20.008″N，128°8′13.731″E	13	59.5	9.0
9	42°8′25.728″N，128°8′33.706″E	14	60.4	9.0
10	42°8′14.827″N，128°8′7.637″E	11	53.8	8.4
11	42°8′32.226″N，128°8′28.753″E	15	57.6	7.6
总计		160	55.2	8.2

由算法所得的统计结果（50%相互重合）

表4-5

样本地编号	落叶松总数	描绘树冠数量	描绘正确	描绘不全	描绘过度	描绘缺失	用户精度（UA）	生产者精度（PA）
1	16	20	8	3	5	0	0.40	0.50
2	17	19	11	4	2	0	0.58	0.65
3	10	15	7	2	1	0	0.47	0.70
4	15	14	12	2	1	0	0.86	0.80
5	19	17	8	4	5	2	0.47	0.42
6	17	21	9	4	4	0	0.43	0.53
7	13	13	11	1	0	1	0.85	0.85
8	13	13	7	4	2	0	0.54	0.54
9	14	20	11	0	3	0	0.55	0.79
10	11	14	6	1	3	0	0.43	0.55
11	15	15	10	2	2	1	0.67	0.67
总计	160	181	100	27	28	5	0.55	0.63

绘数量比实际数量多，仅有两个样本地（4号样本地和5号样本地）的描绘数量比实际数量少。Ke和Quackenbush（2011）及Tsendbazar（2011）的研究结果也验证了这一点。大尺寸落叶松的一些分枝与树梢有类似的高反射率，这会导致树冠探测数量有所增加。

　　所有样本用户精度为0.40~0.86，平均值为0.55，意味着描绘的181个树冠中有55%与参考树木能够很好地重合。由于本研究的目的是利用卫星图像评估落叶松资源，因此用户精度对卫星图像分析至关重要。

　　表4-6为各样本地的评价结果，采用相同算法进行树冠描绘。总的平均误差、绝对误差和均方根误差分别为-12.71（m^2）、14.76（m^2）和17.16（m^2）。平均误差范围为-7.05m^2（6号样本地）至-19.28m^2（8号样本地）；绝对误差范围为10.12m^2（3号样本地）至19.28m^2（8号样本地）；均方根误差范围为12.12m^2（3号样本地）至20.89m^2（4号样本地）。

树冠描绘的精度评价   表4-6

样本地编号	平均误差（m²）	绝对误差（m²）	均方根误差（m²）
1	-13.62	14.72	16.62
2	-16.06	16.06	18.06
3	-10.12	10.12	12.12
4	-15.26	18.83	20.89
5	-11.88	12.95	13.68
6	-7.05	14.10	17.14
7	-8.32	10.18	12.20
8	-19.28	19.28	21.15
9	-17.48	17.48	20.88
10	-10.86	16.21	17.89
11	-9.01	11.93	13.61
总计	-12.71	14.76	17.16

4.6　落叶松资源评估

4.6.1　模型估算结果

表4-7中列出了5组样本地中与描绘树冠和实测树冠相关的数据统计参数。5组样本地的决定系数要比单一样本地高，但是差别很小，因此可选择常量值和R^2。由表4-7～表4-9可以看出，五组样本间的决定系数差异较小，常量值和R^2也呈现相同的趋势。

与描绘树冠和实测树冠相关的数据统计参数   表4-7

数据组	测试样本	决定系数	常量值	R^2
A	5号和6号样本地	1.0759	9.6072	0.8531
B	7号和10号样本地	1.1191	7.5347	0.8504
C	1号和2号样本地	1.0600	9.2751	0.8075
D	4号和3号样本地	1.0625	9.4612	0.8406

续表

数据组	测试样本	决定系数	常量值	R^2
E	11号和8号样本地	1.1007	7.7622	0.8510

与实测树冠和胸高断面积相关的数据统计参数　　表4-8

数据组	测试样本	决定系数	常量值	R^2
A	5号和6号样本地	0.003217	0.07026	0.6885
B	7号和10号样本地	0.003170	0.06934	0.6797
C	1号和2号样本地	0.003220	0.07087	0.6923
D	4号和3号样本地	0.003490	0.05232	0.7378
E	11号和8号样本地	0.003201	0.06123	0.7282

与描绘树冠和胸高断面积相关的数据统计参数　　表4-9

数据组	测试样本	决定系数	常量值	R^2
A	5号和6号样本地	0.003732	0.08757	0.6829
B	7号和10号样本地	0.003835	0.07864	0.6632
C	1号和2号样本地	0.003633	0.08985	0.6225
D	4号和3号样本地	0.003913	0.07478	0.6776
E	11号和8号样本地	0.003713	0.07643	0.6771

以上3个表中的统计参数较为稳定，因此该模型的预测能力适用于大面积卫星图像的判读。

4.6.2　回归分析

在确定训练样本和测试样本组合的模型稳定性后，最终建立描绘树冠面积与胸高断面积之间的预测模型。必须考虑到训练样本和测试样本之间的差异，以及相对较高的R^2值。因此，选择表4-7～表4-9中的数据组A进行回归分析，选择5号样本地和6号样本地进行平均误差、绝对误差和均方根误差进行测试。

描绘树冠与测量树冠之间的线性关系如图4-16所示，且平均误差、绝对误差和均方根误差分别为2.91m²、9.45m²和12.74m²。

描绘树冠面积与测量胸高断面积之间的线性回归关系如图4-17所示，且平均误差、绝对误差和均方根误差分别为0.026m²、0.054m²和0.004m²。将胸高断面积转换为胸径值会产生平均误差、绝对误差和均方根误差，其值分别为9.1cm、13.1cm和14.3cm。

本研究建立了测量树冠面积与自动描绘落叶松树冠面积之间的线性关系（图4-16），这一线性关系可以进一步合理建立可靠的自动描绘树冠面积与实测胸高断面积之间的关系（图4-17）。图4-17中相对较高的R^2值进一步证实，描绘树冠面积越大，胸高断

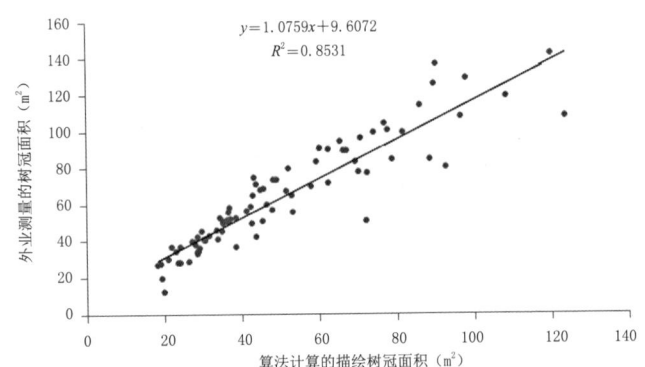

图 4-16 描绘树冠面积与测量树冠面积之间的线性回归关系

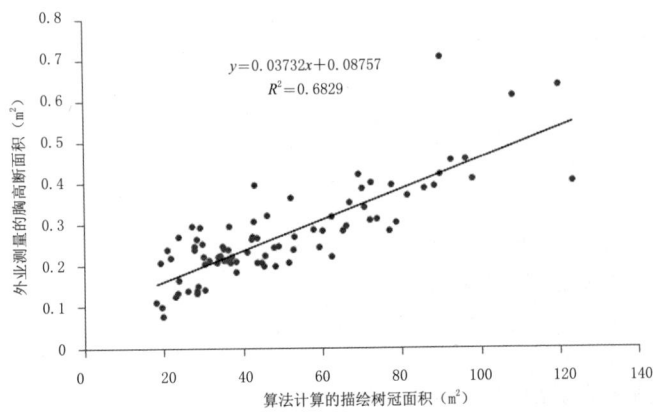

图 4-17 描绘树冠面积与测量胸高断面积之间的线性回归关系

面积也越大。因此，可以得出结论，自动描绘树冠面积可用来确定不同胸高断面积的落叶松的分布。

4.6.3　外业测量结果

外业调研共对11个样本地的160株原生落叶松进行实地测量。测量结果显示外业测量的树冠面积与外业测量的胸高断面积之间呈正相关（图4-18）。

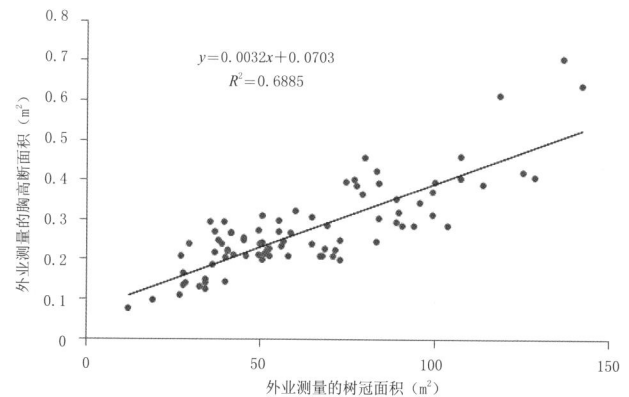

图 4-18　测量树冠面积与测量胸高断面积的线性回归关系

4.6.4　整个研究区域的落叶松资源评估

本节将对25km^{2}范围内的单木落叶松树冠信息进行估算，运用如图4-17线性回归所得的方程作为模型，计算落叶松树冠信息。

$$y = 0.003732x + 0.08757 \qquad (4-4)$$

式中，x表示描绘树冠面积（m^2）；Y表示测量胸高断面积（m^2）。

应用开发算法计算得出研究范围内（25km^2）内共有260715株落叶松树。图4-19显示了以单木树冠划分等级的落叶松树冠资源分布情况，其中最小的单木树冠面积为286.5m^2。由此可以得出结论，随着树冠面积的增大，落叶松资源数目急剧下降。

图4-20呈现了相似的下降趋势。落叶松胸径范围在50cm至130cm之间，且每10cm划分一个等级（表4-10），对相应的胸高断面积进行计算。应用线性回归模型公式（4-4），计算相应的单木树冠面积和资源数量。

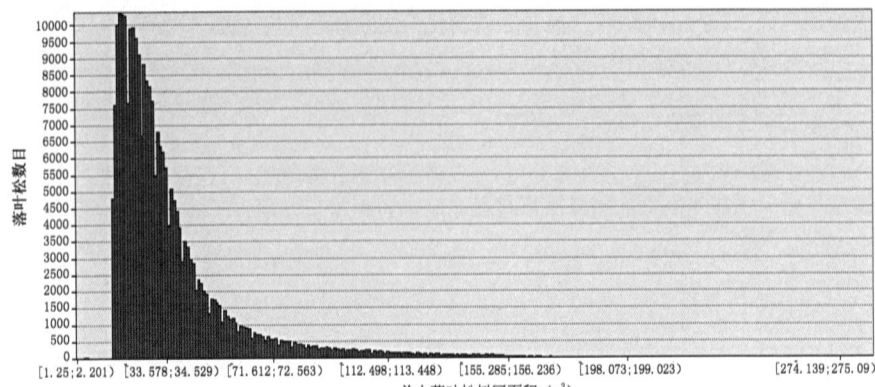

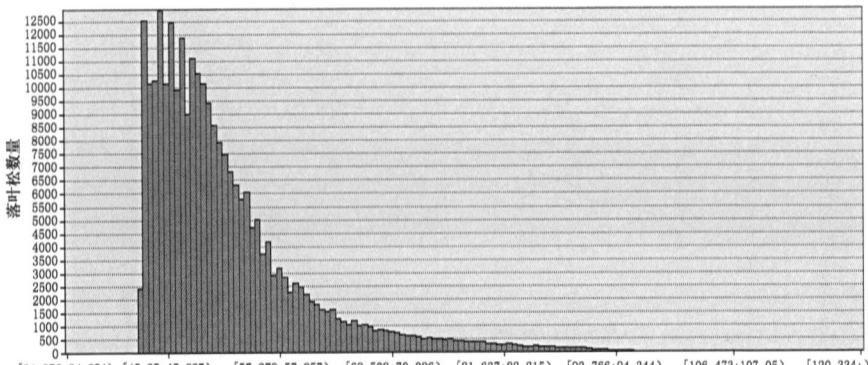

图 4-19 落叶松描绘
树冠面积直方图

图 4-20 落叶松描绘
树冠胸径（DBH）直
方图

整个研究区域内的落叶松统计信息（25km²）　　表4-10

胸径（cm）	胸高断面积（m²）	单木树冠面积（m²）	落叶松数量
50	0.196	29	119948
60	0.283	53	35749
70	0.385	80	13578
80	0.502	112	4739
90	0.636	148	873
100	0.785	188	2
110	0.950	233	1
120	1.130	282	1
130	1.337	335	0

　　由表4-10的统计结果可以看出，研究区域内的天然落叶松数量随胸径的增长而减小。整个25km²范围内仅有4株落叶松的胸径超过100cm，没有胸径超过130cm的落叶松。

　　考虑到生成的落叶松分布图的实际应用，将卫星图像根据道路距离分成几个区域。道路两侧500m范围内，每100m划分一个区域，超过500m范围外的，每隔500m划分一个区域。表4-11显示了划分的各个区域内落叶松的数量。

　　图4-21展示了研究区域内落叶松树冠分布的部分图像。由于落叶松胸高断面积与描绘落叶松树冠面积密切相关，所以本研究利用描绘树冠面积估算不同胸径大小的落叶松分布情况。本研究建立的树冠描绘方法的用户精度为55%（表4-5），因此，260715株的自动描绘树冠中有近半数的描绘是准确的。

图 4-21 各个区域内不同树冠面积的落叶松分布情况

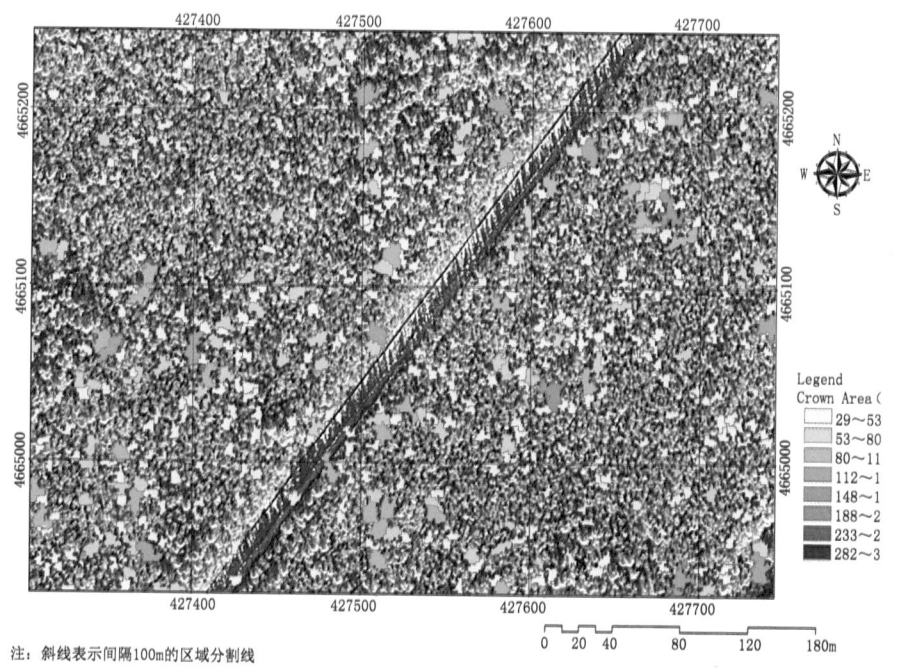

Legend
Crown Area (
29～53
53～80
80～11
112～1
148～1
188～2
233～2
282～3

0　20　40　　80　　120　　180m

注：斜线表示间隔100m的区域分割线

划分的区域内落叶松估算数量

表4-11

胸径（cm）	胸高断面积（m²）	100m	100~200m	200~300m	300~400m	400~500m	500~1000m	1000~1500m	1500m+	总计
50~60	29-53	2898	2911	2887	2868	2884	14966	13249	41536	84199
60~70	53-80	755	731	722	730	747	4478	3475	10533	22171
70~80	80-112	301	325	295	278	309	1946	1396	3989	8839
80~90	112-148	145	147	115	116	150	864	615	1714	3866
90~100	148-188	31	32	27	27	37	198	137	362	851
100~110	188-233	0	0	0	0	0	11	4	5	20
110~120	233-282	0	0	0	0	0	0	1	0	1
>120	>282	0	0	0	0	0	1	0	0	1
总计		4130	4145	4046	4019	4127	22464	18877	58139	119948

4.7　小结

本研究提出的落叶松探测及描绘算法包括几个主要步骤：去除裸地、落叶松树冠种子探测，区域增长和优化。完成上述步骤即可实现合理的落叶松树冠描绘结果。学术界已经针对特定森林类型（如树冠大小、树种等）建立了许多描绘算法，而与其他对以落叶松为主要树种的天然林的研究相比，本研究有两个特点：（1）森林上层以落叶松占主导；（2）树木之间的间距较大。落叶松阴影的排他性是最好的证明。树龄较短的落叶松无法在大树冠的阴影下存活，因此，几乎所有外业测量的落叶松树冠都可以在卫星图像上识别，且落叶松彼此之间都会有一定的间隔，这也保证了本研究中树木描绘算法的准确性。影响本研究准确性的另一个因素是卫星图像获取的时间。在秋季和冬季，落叶松与其他常绿阔叶林相比会出现颜色变化，这保证了落叶松树冠种子与其他树木可以准确分离。

分析法广泛应用于不同类型的森林分析，且十分实用。Bunting和Lucas（2006）首次利用eCognition软件，对澳大利亚的CASI14波段图像进行了准确的树冠描绘（超过70%）。然而，该方法的精度评估是将外业确定的树木（确定树干位置）与相应的描绘对象逐一评估。本研究中"正确描绘"的用户准确率仅为55%，但本研究的评估标准较以往的研究更为严格，只有当描绘树冠与实测树冠重合率达到50%才定义为"正确描绘"。因此，预测模型的精度与之高度相关。

传感视角、太阳高度角和地形对卫星图像上树冠的辐射和几何特征有显著的影响。这会影响树冠与其他森林参数（如胸径与生物量等）的异速生长关系（Pouliot *et al.*，2005）。图像采集过程中的传感器视角会影响卫星图像上树冠的形状和树木描绘质量（Leckie *et al.*，2005）。本研究中Geo-eye卫星图像的太阳高度角为31.8°，标准采集高度为73.2°。由于利用卫星图像描绘的树冠和外业实测树冠在树冠面积上存在差异，因此卫星图片上的树木呈倾斜状态。

本章利用GeoEye-1卫星图像为数据本底建立了一个面向对象的图像分析方法，用以描绘原生落叶松树冠。研究通过建立正确描绘树冠面积与测量胸高断面面积之间的关系，确定不同胸径大小的原生落叶松分布。目前，本研究仅选用160株落叶松样本的实测数据，以评估自动树冠描绘方法，而由于研究区域内落叶松数目众多，尽管这是一项高强度的任务，但未来仍需要更多的实测数据做进一步研究。

第5章

森林资源评估在传统木结构建筑修复中的应用

5.1　沈阳故宫预测模型的适用性

本书第2章基于沈阳故宫中28处代表性建筑的测量数据建立的模型具有以下适用性和局限性：

中国现存的传统古建筑大部分属于明清时期建筑，其保护和修复是关键性议题。因此，对这些建筑的结构特征进行研究具有很高的实用价值。由于明清时期的古建筑处于古建筑历史发展的最后阶段，因此，这一时期的建筑被视为是中国传统建筑技术的延续。因此，对沈阳故宫的研究为深入了解中国古建筑技术开辟了新路径。

明清时期的建筑风格各异，但可归纳为五种主要形式：硬山、歇山、攒尖和盝顶。选取的沈阳故宫的28处建筑包含这五种主要形式之中的四种，因此该模型在某种程度上具有普遍性和代表性。但是，沈阳故宫的建筑采样分布不均，其中的21处建筑为硬山式，仅有7处建筑分属于其他三种类型。基于单一建筑形式的回归分析具有较高的R^2值，因此如果未来就建筑样式和建筑尺寸分别进行深入研究，结果将更加准确。另一方面，沈阳故宫具有清朝的满族特色，与其他汉族建筑有一定的差异。因此，可进行更多关于汉族建筑的研究，对满汉两种建筑形式进行比较，从而取得更好的研究结果。

5.2　采集的森林样本的应用

第3章利用树木上直径预测表估算沈阳故宫总材积。材积的森林树木样本有一定的局限性，例如，最大的树木高约34.7m，胸径为67.8cm。因此，对直径在67.8cm的落叶松可以进行准确估算，但更大尺度的落叶松估算精度有限。研究将47个树木样本以D0.1h为标准分成两组。6个样本的D0.1h值大于45cm（最大的D0.1h值为58.2cm），其余的41个样本的最大D0.1h为44.6cm。采用六阶方程模拟的两组样本的标准误差估算值（SEE）分别为0.01和0.04，将误差转换成直径值（44.6cm×0.04－58.2cm×0.01）即为1.2cm。因此，样本树木的大小不会对相对干曲线产生明显影响，且该树木上直径估算方法也适用于大尺寸样本。将现有样本分成两组后相对干曲线较为稳定，但是该树高曲线对于超过样本大小的大直径样本的稳定性尚不确定。表3-3的估算值（如胸径＞70cm）是由树高曲线外推得到的，其结果可能不够准确。因此，建立的相对干曲线的准确性有待未来进行进一步研究。

然而，图3-2说明其他树种也应用于历史木结构建筑，如冷杉、云杉和油松等，这些树种也应该在未来的研究中予以充分考虑。

5.3　人工林的潜在用途

许多研究人员已经从各方面就天然林保护工程进行了探讨。天然林保护工程由中国政府发起，旨在恢复天然林的生态功能，改善生态系统，控制洪水，并最终达到"社会、环境和经济的可持续发展"的长远目标。然而，该政策将会涉及为了环境和生态保护而牺牲经济的问题，导致以木材为导向的管理转向以环境保护为导向的管理，届时木材市场上来自天然林的木材将会越来越少，历史建筑修复工作困难重重。

此外，一些特殊树种，如长白落叶松在天然林环境下，砍伐后一般很难自然再生，因为其属于高度不耐阴树种（Zhu等2008）。研究认为只有当发生大规模灾害，如洪水、飓风和火灾等，长白落叶松才会进行自然更新（Liu 1997；Tsuyuzaki 1994）。长白落叶松的自然分布并不局限于中国长白山地区，而长白山地区落叶松林最显著的特点是拥有大型树木（Okitsu等，2009）。但是，大部分原生落叶松林位于长白山自然保护区范围内，保护区内禁止疏伐活动。在这种条件下，从原生森林中获取天然落叶松木材将是非常困难的事。

长白落叶松人工林占中国东北商业木材的38.1%（Qi等，1995）。其拥有潜力巨大的木材生产力，需要关注这些森林的最大生产量。Liu和Yu（1990）的研究显示，落叶松人工林的生长周期为38年，仅能提供胸径为23.7cm的木材，显然无法满足建筑修复的实际需求。即使将疏伐周期延长，人工林的质量仍然无法与天然林相提并论。Yamamoto（2010）指出，与天然林相比，人工林很难达到2mm的年轮增长速度。因此，可以采用人工林材料取代天然林进行小规模的修复，尤其是那些木质构件尺寸不是特别大的情况。此外，对于特殊用途天然林来说，技术支持是必要的。

5.4　对于奈良文件大纲的反思及天然林保护工程政策修改的可能性

研究结果（表5-1）表明，中国可用的大尺寸木料可能不足以完全满足历史建筑修复的需要。这一问题并不是中国独有，在其他一些木结构建筑有着重要历史意义的国家也存在相似的问题。在日本，从天然林获取优质的木材是一个严重的问题。当首选树种无法获取时，保护者会选择一些容易获取的替代树种。Sato的研究显示，历史建筑修复中用到的最多的木质材料——日本柏木也出现了短缺（Sato，2012）。在挪威，木材储备项目（Wood Bank Project）于1992年开始实施，为300多处中世纪木结构建筑的修复提供木材。

建筑与森林资源的统计数据比较　　　　表5-1

胸径（cm）	建筑所需树木数量	森林资源（25km²）树木数量
80	102	4739
90	86	873
100	54	2
110	54	1
120	52	1
130	8	0

由第3章的研究结果可以得知，用于沈阳故宫修复的立木胸径范围在78m与136cm之间，这一范围说明需要优质的森林资源。第4章利用遥感技术的估算结果表明，可用的大尺寸落叶松胸径最大为130cm，无法满足沈阳故宫的修复需求。本研究的地域范围长期以来一致被视为最好的落叶松资源储备区，但实际情况并不乐观。

奈良文件的精神可概括为几个短语，即"同一树种、林木质量和建筑技术"。这些理想很难实现，个中原因已经在前面的讨论中有所阐述。因此，应该从建筑和森林资源两个方面努力。在建筑方面，首先要建立一个包含全部木质建筑的木质构件材积等具体信息的数据库。而在森林资源方面，应设计一套能够与历史木结构建筑修复周期相一致的树木生产的替代系统。由于木材不能仅仅依靠天然林资源供给，因此人工林和天然林资源的有效结合是必要的。

利用本研究开发的算法，在未来的森林规划中需要考虑一个更大规模的准确的森林数据库，包括大型落叶松资源分布情况等信息。建议建立一个拥有丰富落叶松资源的天然林保护区，以用于沈阳故宫等历史木结构建筑的修复。

大部分优质天然落叶松资源集中分布的保护区受到天然林保护工程政策的限制，因此，在未来关于天然林保护工程的政策考量中需要思考如何平衡建筑修复和生态保护两者之间的关系。

5.5　关于"原真性"的建议

历史木建筑遗产是人类文明的传承，是自然进化的历史记录。文化遗产所包含的最有价值的信息必须由我们这一代人传递给子孙后代。文化遗迹是不可再生资源，因此，我们有责任进行文化和历史遗迹的保存和修复。我们必须保持遗产的原真性和完整性，并把这些遗产资源传递下去。因此，积极坚持世界遗产的原真性原则在传递人类精神文明方面具有十分重要的意义

用于历史木结构建筑的现代化保护实践的修复方法在很多情况下仍然不断地受到质疑。本书基于建筑和森林资源数据进行了定量分析，并讨论了应用奈良文件关于"同种材料"要求的可能性。

毫无疑问，自从《保护世界文化和自然遗产公约》签署以来，原真性原则在文化和自然遗产评估方面发挥了积极的作用。但是，本研究通过分析发现，用于修复的材料的原真性问题在中国并不能完全得到解决。

因此，在研究结果的基础上对"原真性"提出新的思考，主要包括以下三个方面：

（1）将原真性视为一种发展过程

历史木结构建筑的原真性是一个复杂的概念，是历史木结构建筑价值和重要性的所在。因此，应该将原真性视为一种发展过程，而不是一个简单的时间点。基于这种对原真性概念的理解，在特殊情况下，采用相似的树种替代原始木质材料，这不应该简单地被视为是对原真性的破坏或违背，而应该仔细判断哪些自然资源能够为不同历史时期的历史木结构建筑提供材料。原真性应该被视为是人类意识、社会状况、自然资源等情况的一种反映。只要选择正确的材料，对原始材料的改变也会以一种积极的方式保持原真性。这意味着恰当的修复有助于促进而不是降低历史建筑的真实价值。不过，我们还是要尊重奈良文件所规定的原真性原则，尽最大努力促进文化遗产和自然之间的平衡。

（2）从建筑和森林资源两个方面构建新的修复工作框架

本研究构建的修复工作框架如图5-1所示。保证原真性的第一要务是对建筑和森林资源进行调查研究和规划。通过沈阳故宫大

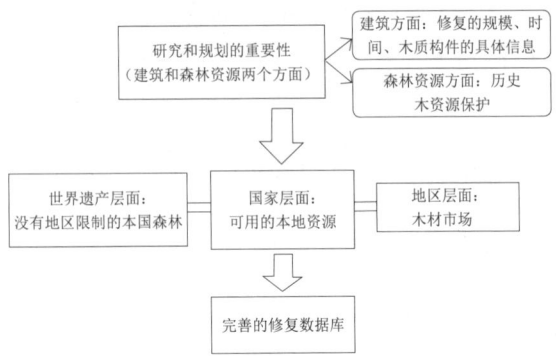

图5-1 达到"原真性"
的新的修复工作框架

木构件材积和长白山自然保护区森林资源的比较计算可以得出结论，在现阶段，中国能够在一定程度上满足建筑修复的需要，但很难满足某些结构要求，例如直径超过1m的超大尺寸构件。如果从原真性的角度出发，由本研究数据可知可能无法完全满足建筑维护需要，而这又引出了另外一个问题：真实性一定要被视为固定标准吗？大木结构建筑修复需要建设部门和林业部门双方的共同努力。对历史木结构建筑修复工作"原真性"标准的理解已经无法与自然资源的现阶段情况相适应。换言之，我们是否一定要将材料的原真性像奈良文件所倡导的那样严格执行？研究认为，由木结构建筑修复所带来的原真性问题首先要从"规划"方面解决。这主要包括两个方面：一方面是建设部门应该有一个较为具体的修复计划（包括：规模、时间、木构件数量等），另一方面是林业部门应该相应地建立一个用于古建筑修复的历史森林保护系统。两个部门之间的沟通和协调是解决这一问题的关键。由于文化遗迹修复中的原真性问题无法得到完全解决，需要建立一个传统木结构建筑的分类系统，例如保护世界遗产具有优先权。因此，建议在国家层面建立没有任何地域限制的林业资源最丰富的地区，该地区可以被指定为整个区域范围内的森林资源，同时建立国家级森林培育区用于历史木结构建筑的维护。其次，国家级历史木结构建筑应当被列为国家二级保护建筑，并制定相应的森林资源作为可用的本地资源。最后，培育区内可能出于保护当地重要的森林资源的目的无法实施这一方法，则可与之协商并从木材市场上进行购买。

（3）建立完善的修复数据库

在一些特殊情况下，如果使用的材料与原始材料不一致，应当充分考虑《威尼斯宪章》的可读性原则，详细记录修复过程（各个木质构件的精度）。建立一个完整的数据库是确保历史木结构建筑能够"保持其形式、材料、建造技术、历史及文化意义"（ICOMOS，1996）的有效方式。这样可以弥补修复过程中历史证据的缺失，并确保下一代能够了解已经进行了哪些建筑修复工作。

　　本研究涉及三种不同学科的专业知识——建筑、森林管理和遥感技术，以解决中国传统木结构建筑修复的相关问题，通过建立对现有森林资源的评估体系，对木结构建筑修复所需材积进行估算，结果表明，目前大型落叶松资源尚无法完全满足建筑修复的需求。

参考文献

[1] Bai, F., Sang, W.G., Li, G.Q., Liu, R.G., Chen, L.Z., & Wang, K. (2008). Long-term protection effects of national reserve to forest vegetation in 4 decades: biodiversity change analysis of major forest types in Changbai Mountain Nature Reserve, China. Science in China series C: Life Sciences, 51, 948-958

[2] Bechtold, W.A. (2003). Crown-diameter prediction models for 87 species of stand-grown trees in the Eastern United States. Southern Journal of Applied Forestry, 27, 269-278

[3] Bechtold, W.A. (2004). Largest-crown-width prediction models for 53 species in the western United States. Western Journal of Applied Forestry, 19, 245-251

[4] Benz, U.C., Hofmann, P., Willhauck, G., Lingenfelder, I., & Heynen, M. (2004). Multi-resolution, object-oriented fuzzy analysis of remote sensing data for GIS-ready information. ISPRS Journal of Photogrammetry and Remote Sensing, 58, 239-258

[5] Blaschke, T. (2010). Object based image analysis for remote sensing. ISPRS Journal of Photogrammetry and Remote Sensing, 65, 2-16

[6] Brooks, J.R., & Jiang, L. (2009). Comparison of prediction equations for estimating inside bark diameters for yellow-poplar, red maple, and red pine in West Virginia. Northern Journal of Applied Forestry, 26, 5-8

[7] Brooks, J.R., Jiang, L., & Ozçelik, R. (2008). Compatible stem volume and taper equations for Brutian pine, Cedar of Lebanon, and Cilicica fir in Turkey. Forest Ecology and Management, 256, 147-151

[8] Bunting, P., & Lucas, R. (2006). The delineation of tree crowns in Australian mixed species forests using hyperspectral Compact Airborne Spectrographic Imager (CASI) data. Remote Sensing of Environment, 101, 230-248

[9] Capaldo, P., Crespi, M., Fratarcangeli, F., Nascetti, A., & Pieralice, F. (2012). DSM generation from high resolution

imagery: applications with WorldView-1 and GeoEye-1. Italian Journal of Remote Sensing, 44, 41-53

[10] Chen, J., & Gay, A.B. (1999). Forest structure in space: a case study of an old growth spruce-fir forest in Chinagbaishan Natural Reserve, PR China. . Forest Ecology and Management, 120, 219-233

[11] Chen, L. (1963). Study on the structure of Picea jezoensis forest on the western slope of Changbai Mountains. Acta Phytoecol Geobot Sin, 1, 69-80

[12] Chen, M. (1993). Research on the wooden structure of Ying-tsaofa-shi.: Peiking Cultural Relics Publishing House(in Chinese)

[13] Chen, Y. (2007). Structure of ancient building and wood conservation: China Building Industry Press(in Chinese)180ppages

[14] Chubey, M.S., Franklin, S.E., & Wulder, M.A. (2006). Object-based analysis of Ikonos-2 imagery for extraction of forest inventory parameters. Photogrammetric Engineering and Remote Sensing, 72, 383

[15] Coops, N., & Culvenor, D. (2000). Utilizing local variance of simulated high spatial resolution imagery to predict spatial pattern of forest stands. Remote Sensing of Environment, 71, 248-260

[16] Culvenor, D.S. (2002). TIDA: an algorithm for the delineation of tree crowns in high spatial resolution remotely sensed imagery. Computers & Geosciences, 28, 33-44

[17] Culvenor, D.S. (2003). Extracting individual tree information. Remote sensing of forest environments: concepts and case studies, 255-277

[18] Dennison, P.E., Brunelle, A.R., & Carter, V.A. (2010). Assessing canopy mortality during a mountain pine beetle outbreak using GeoEye-1 high spatial resolution satellite data. Remote Sensing of Environment, 114, 2431-2435

[19] Erikson, M. (2003). Segmentation of individual tree crowns in colour aerial photographs using region growing supported by fuzzy rules. Canadian Journal of Forest Research, 33, 1557-1563

[20] Erikson, M. (2004). Species classification of individually segmented tree crowns in high-resolution aerial images using radiometric and morphologic image measures. Remote Sensing of Environment, 91, 469-477

[21] Erikson, M., & Olofsson, K. (2005). Comparison of three individual tree crown detection methods. Machine Vision and Applications, 16, 258-265

[22] Gaffrey, D., Sloboda, B., & Matsumura, N. (1998). Representation of tree stem taper curves and their dynamic, using a linear model and the centroaffine transformation. Journal of Forest Research, 3, 67-74

[23] Gilmore, D.W. (2001). Equations to describe crown allometry of <i> Larix</i> require local validation. Forest Ecology and Management, 148, 109-116

[24] Gong, Q. (2002). Structural Carpentry in Qing Dynasty-A Framework for the Hierarchically Modularized Chinese Timber Structural Design. Transactions of Tianjin University, 8(1), 16-21

[25] Gougeon, F.A., & Leckie, D.G. (2001). Individual tree crown image analysis - a step towards precision forestry. PRECISION FORESTRY, 43

[26] Gougeon, F.A., & Leckie, D.G. (2006). The individual tree crown approach applied to Ikonos images of a coniferous plantation area. Photogrammetric Engineering and Remote Sensing, 72, 1287-1297

[27] Hay, G.J., Castilla, G., Wulder, M.A., & Ruiz, J.R. (2005). An automated object-based approach for the multiscale image segmentation of forest scenes. International Journal of Applied Earth Observation and Geoinformation, 7, 339-359

[28] Hemery, G., Savill, P., & Pryor, S. (2005). Applications of the crown diameter - stem diameter relationship for different species of broadleaved trees. Forest Ecology and Management, 215, 285-294

[29] Heurich, M., Ochs, T., Andresen, T., & Schneider, T. (2010). Object-orientated image analysis for the semi-automatic detection of dead trees following a spruce bark beetle (Ips typographus) outbreak. European Journal of Forest Research,

129, 313-324

[30] Hirata, Y. (2008). Estimation of stand attributes in Cryptomeria japonica and Chamaecyparis obtusa stands using QuickBird panchromatic data. Journal of Forest Research, 13, 147-154

[31] Hirata, Y., Tsubota, Y., & Sakai, A. (2009). Allometric models of DBH and crown area derived from QuickBird panchromatic data in Cryptomeria japonica and Chamaecyparis obtusa stands. International Journal of Remote Sensing, 30, 5071-5088

[32] Holmgren, P., & Thuresson, T. (1998). Satellite remote sensing for forestry planning—a review. Scandinavian Journal of Forest Research, 13, 90-110

[33] Huang, H., & Wang, Z. (2000). Chinese forest situation: KaiMing press(in Chinese)

[34] Hussin, Y.A., & Gilani, H. (2010). Mapping Carbon Stocks in Community Forests of Nepal Using High Spatial Resolution Satellite Images

[35] ICOMOS (1994). Nara Document, No.13 http://www.icomos.org/charters/nara-e.pdf#search='nara+document+icomos+1994' (2013/5/10)

[36] ICOMOS (1996). Principles for the recording of monument, groups of buildings and sites. http://www.icomos.org/charters/archives-e.pdf#search='ICOMOS+%281996%29.+Principles+for+the+recording+of+monument%2C+groups+of+buildings+and+sites.'

[37] Jiang, L., Brooks, J.R., & Wang, J. (2005). Compatible taper and volume equations for yellow-poplar in West Virginia. Forest Ecology and Management, 213, 399-409

[38] Jin, H., &and Huang, R. (2007). A study of the types of timber used in the hall of martial valour (wuying dian) group of buildings and matching them. Palace Museum Journal, 132, 6-27

[39] Katoh, M., Gougeon, F.A., & Leckie, D.G. (2009). Application of high-resolution airborne data using individual tree crowns in Japanese conifer plantations. Journal of Forest Research, 14, 10-19

[40] Ke, Y., & and Quackenbush, L.J. (2008). Comparison of individual tree crown detection and delineation methods. Proceeding of the ASPRS Annual conference "Bridging the

Horizons: New Frontiers in Geospatial Collaboration"

[41] http://www.asprs.org/a/publications/proceedings/portland08/TOC.pdf

[42] Ke, Y., & and Quackenbush, L. J. (2011a). A comparison of three methods for automatic tree crown detection and delineation from high spatial resolution imagery. International Journal of Remote Sensing, 32, 3625-3647

[43] Ke, Y., & and Quackenbush, L. J. (2011b). A review of methods for automatic individual tree-crown detection and delineation from passive remote sensing. International Journal of Remote Sensing, 32, 4725-4747

[44] Kim, M., Madden, M., & Warner, T. A. (2009). Forest type mapping using object-specific texture measures from multispectral Ikonos imagery: segmentation quality and image classification issues. Photogrammetric Engineering and Remote Sensing, 75, 819-829

[45] Kozak, A. (1997). Effects of multicollinearity and autocorrelation on the variable-exponent taper functions. Canadian Journal of Forest Research, 27, 619-629

[46] Kozak, A. (2004). My last words on taper equations. The Forestry Chronicle, 80, 507-515

[47] Kozak, A., Munro, D., & Smith, J. (1969). Taper functions and their application in forest inventory. The Forestry Chronicle, 45, 278-283

[48] Kozak, A., and& Smith, J. (1993). Standards for evaluating taper estimating systems. The Forestry Chronicle, 69, 438-444

[49] Lamar, W. R., McGraw, J. B., & Warner, T. A. (2005). Multitemporal censusing of a population of eastern hemlock (Tsuga canadensis.) from remotely sensed imagery using an automated segmentation and reconciliation procedure. Remote Sensing of Environment, 94, 133-143

[50] Leckie, D. G., Gougeon, F. A., Tinis, S., Nelson, T., Burnett, C. N., & Paradine, D. (2005). Automated tree recognition in old growth conifer stands with high resolution digital imagery. Remote Sensing of Environment, 94, 311-326

[51] Leckie, D. G., Gougeon, F. A., Walsworth, N., & Paradine,

D. (2003). Stand delineation and composition estimation using semi-automated individual tree crown analysis. Remote Sensing of Environment, 85, 355-369

[52] Liang, S. (2001). Liang sicheng complete works Vol.1-Vol.7

[53] Liao, G. (2005). Study on the Evaluation and Analysis of China's Natural Forest Protection Program Policy: Doctor dissertation of Beijing Forestry University. 128ppages

[54] Liu, J., and& Yu, Z. (1990). Research on the rotation age of Changbai larch (Larix olgensis) plantations. Journal of Beijing Forestry University, Vol.12, No.3, 34-3912

[55] Liu, Q.J. (1997). Structure and dynamics of the subalpine coniferous forest on Changbai mountain, China. Plant Ecology, 132, 97-105

[56] Luo, ZhH.W. (2007) The maintenance principle of ancient buildings and application of new materials and technologies—discussion on the "Chinese characteristics" in protection and maintenance of historic buildings in China. Traditional Chinese architecture and gardens, vol.3, 29-33

[57] Ma, B. (2003). Wood construction techniques of ancient Chinese architecture. : Tianjin : Bai hua wen yi Press 335pages

[58] Ma, X., Zhong, Z., & Sun, Z. (2010). Compilation on Volume Table of Larix olgensis Plantation in Hilly Area of Sanjiang Plain. Forest engineering, 26, 1-3

[59] Mallinis, G., Koutsias, N., Tsakiri-Strati, M., & Karteris, M. (2008). Object-based classification using Quickbird imagery for delineating forest vegetation polygons in a Mediterranean test site. ISPRS Journal of Photogrammetry and Remote Sensing, 63, 237-250

[60] Martin, A.J. (1981). Taper and volume equations for selected Appalachian hardwood species: US Department of Agriculture, Forest Service, Research Paper NE-490

[61] Martinez , R., Miura, T., & Idol, T. (2008). An assessment of Hawaiian dry forest condition with fine resolution remote sensing. Forest Ecology and Management, 255, 2524-2532

[62] Okitsu, S., Ito, K., and & Li, C. (2009). Establishment

processes and regeneration patterns of montane virgin coniferous forest in North-Eastern China. Journal of Vegetation Science, 6, 305-308

[63] Osawa, Y., Goto, O., Trifkovic, S., & Yamamoto, H. (2004). Forest Resources Management for the Maintenance of Wooden Cultural Buildings in Japan- Horyuji temple in Nara Prefecture. FORCOM Abstract Proceedings of International Symposium on The Role of Forests for Coming Generations, 92-95

[64] Patterson, D.W., Wiant, H.V., and & Wood, G.B. (1993). Comparison of the centroid method and taper systems for estimating tree volumes. Northern Journal of Applied Forestry, 10, 8-9

[65] Piao, Y., and & Chen, B. (2007). The multiracial cultural characteristic within the wood frame of the Imperial Palace of the Qing Dynasty in Shenyang. Journal of Shenyang architecture university, 9(3), 258-260

[66] Piao, Y., and & Chen, B. (2010). Research on Timber Construction in the Imperial Palace of the Qing Dynasty in Shenyang. Sourtheast press, 215

[67] Pouliot, D., King, D., Bell, F., and & Pitt, D. (2002). Automated tree crown detection and delineation in high-resolution digital camera imagery of coniferous forest regeneration. Remote Sensing of Environment, 82, 322-334

[68] Pouliot, D., King, D., & Pitt, D. (2005). Development and evaluation of an automated tree detection delineation algorithm for monitoring regenerating coniferous forests. Canadian Journal of Forest Research, 35, 2332-2345

[69] Preto, G. (1992). Past and present of inventorying and monitoring systems. In: Forest Resource Inventory and Monitoring and Remote Sensing Technology. Proceedings of the IUFRO Centennial Meeting. Berlin, 1-10

[70] Qi, L., Liu, J., LiuGF, Fang, J., Dong, J., Zheng, X., & Hong, Q. (1995). The variation of strobiles and cones and seeds of Larix olgensis.(in Chinese with english abstract). Journal of North-East Forestry University, 23, 7-13

[71] Sato, J. (2012). Estimation of the forest resources of large

size japanese cypress used for wooden heritage buildings. Doctor thesis (tokyo university)

[72] Sato, J., Yamamoto H, & Tatsumi, T. (2008). Study on Evaluating a Standing Tree Used for Wooden Cultural Buildings-About the Method to Presume Size and Quality of the Timber. FORMATH (Forest Resources & Mathematical Modeling) (in japanese with english abstract, 8, 1-12

[73] Shen, G. (1999). Chinese forest resources and sustainable development: Guang Xi science and techonology press 308pp (in chinese)

[74] Smith, W.B. (2002). Forest inventory and analysis: a national inventory and monitoring program. Environmental pollution, 116, S233-S242

[75] Thomas, S., Malczewski, G., & Saprunoff, M. (2007). Assessing the potential of native tree species for carbon sequestration forestry in North-East China. Journal of environmental management, 85, 663-671

[76] Tsendbazar, N.e. (2011). Object based image analysis of Geo-eye VHR data to model above ground carbon stock in himalayan mid-hill forests, Nepal. Master thesis

[77] Tsuyuzaki, S. (1994). Structure of a thinned Larix olgensis forest in Sandaohu peatland, Jiling Province, China. Natural Areas Journal, 14, 59-60

[78] Tu, T.M., Hsu, C.L., Tu, P.Y., & Lee, C.H. (2012). An Adjustable Pan-Sharpening Approach for IKONOS/QuickBird/ GeoEye-1/WorldView-2 Imagery. Selected Topics in Applied Earth Observations and Remote Sensing, IEEE Journal of, 5, 125-134

[79] Van Hooser, D.D., Cost, N.D., & Lund, G.H. (1992). The history of the Forest Survey program in the United States 81pages

[80] Wang, L., Gong, P., & Biging, G.S. (2004). Individual tree-crown delineation and treetop detection in high-spatial-resolution aerial imagery. Photogrammetric Engineering and Remote Sensing, 70, 351-358

[81] Wang, X., Hao, Z., Ye, J., Zhang, J., Li, B., & Yao, X. (2008). Spatial pattern of diversity in an old-growth

temperate forest in North-Eastern China. Acta oecologica, 33, 345-354

[82] Wang, X.W.X., Ye, J.Y.J., Li, B.L.B., Zhang, J.Z.J., Lin, F.L.F., & Hao, Z.H.Z. (2010). Spatial distributions of species in an old-growth temperate forest, North-Eastern China. Canadian Journal of Forest Research, 40, 1011-1019

[83] Yang, X., &and Xu, M. (2003). Biodiversity conservation in Changbai Mountain Biosphere Reserve, North-Eastern China: Status, problem, and strategy. Biodivers Conservation, 12, 883-903

[84] Yin, W., Yamamoto, H., Yin, M., Gao, J., & Trifkovic, S. (2012). Estimating the Volume of Large-Size Wood Parts in Historical Timber-Frame Buildings of China: Case Study of Imperial Palaces of the Qing Dynasty in Shenyang. Journal of Asian Architecture and Building Enginering, 11, 321-326

[85] Zeng, C., Lei, X., Liu, X., Zhao, L., & Yang, Y. (2009). Individual Tree Height-diameter Curves of Larch-spruce-fir Forests. Forest Research, 2, 8

[86] Zhang, Ch Y. (2010). On two Chinese translations of heritage authenticity. Architectural journal, S2, 55-59

[87] Zhang, Y., &and Liu, C. (2007). A Study of the Large Timber Construction Work at the Hall of Supreme Harmony(Taihe Dian) in the 34th Year of the Kangxi Emperor(1695). Palace Museum Journal, 132, 28-47

[88] Zhu, J., Liu, Z., Wang, H., Yang, Q., Fang, H., Hu, L., & Yu, L. (2008). Effects of site preparation on emergence and early establishment of Larix olgensis in montane regions of North-Eastern China. New forests, 36, 247-260

[89] Zhou L, Dai LM, Guo FS, Xu D, Wang H, Bai JW (2006). GIS-based analysis of forest degradations in Baihe Forestry Bureau, North-East China. Science in China: Series E Technological Sciences 49, 167-176